JN234303

MATLAB/Simulink によるCDMA

慶應義塾大学 真田幸俊
サイバネットシステム㈱ 共著

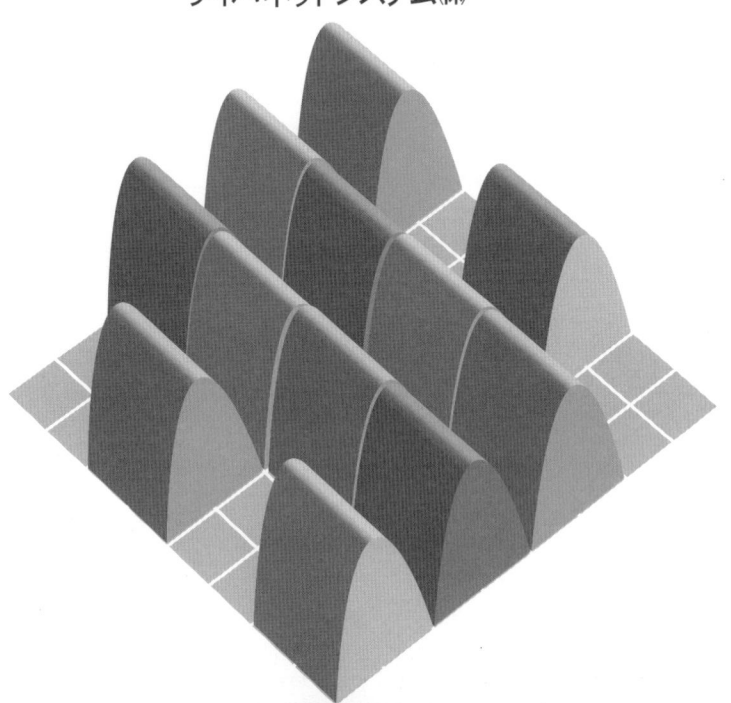

東京電機大学出版局

※MATLAB は，米国 The MathWorks, Inc. の登録商標です。

本書の全部または一部を無断で複写複製（コピー）することは，著作権法上での例外を除き，禁じられています。小局は，著者から複写に係る権利の管理につき委託を受けていますので，本書からの複写を希望される場合は，必ず小局（03-5280-3422）宛ご連絡ください。

まえがき

　アナログセルラー方式から始まった第1世代の公衆移動通信は，デジタルセルラー方式の導入により第2世代へ移行しつつある．さらに西暦2000年にはマルチメディアに対応した第3世代へ進展すると予想されている．第3世代の携帯電話システム「IMT-2000」では世界統一標準化がITU（International Telecommunication Union）で行われており，世界各国の提案方式が競合している．特に重要となる無線アクセス方式には，音声ばかりでなくファックス，電子メール，コンピュータ間通信，静止画，動画などの様々なマルチメディア情報を伝送できる大容量伝送路と，移動網を経由したことを意識させない高品質伝送路の提供が必要である．これらの要求を満たす次世代方式の有力候補として，符号分割多元接続（CDMA：Code Division Multiple Access）が注目を集めている．IMT-2000に対する日本案はDS-CDMA（Direct Sequence CDMA）をベースとするW-CDMA（Wideband CDMA）方式にほぼ固まっている．

　CDMAは従来の通信システムにはない様々な技術を集めた複雑なシステムであるが，最も特徴的なものといえば「拡散符号」であると言える．この拡散符号を用いるがゆえ，FDMAやTDMAにはない様々な利点が生まれると同時に工夫も必要になる．それゆえCDMAの本質を理解するには，拡散符号の性質や役割を理解することが重要と言える．CDMAでは，「これ以上ユーザと接続できない」という，回線数の明確な上限がない．FDMAやTDMAでは，回線数は設計段階において明確に固定的に決定され，それ以上のユーザを接続することはできない．これに対してCDMAでは，回線数が増加すると，通信品質は緩やかに劣化する．回線容量は通信路の状態および要求する通信品質に依存し，明確には求めることができない．しかしデータ誤りによる品質劣化は，誤り訂正符号により改善可能である．したがってCDMAシステムにおいては，誤り訂正符号が回線容量を増加するために重要である．

CDMAでは拡散符号や誤り訂正符号の理解が重要になってくる訳だが，これらは「ガロア体理論」を中心とする，極めて数学色の濃い代数理論を基にしている．そのため，数学の専門家でないと理解が困難なところがあった．そこで本書では，アルゴリズム開発言語として世界的に普及している「MATLAB」と，そのオプションであるブロック線図シミュレータの「Simulink」を用いて，シミュレーションによって視覚を中心に拡散符号と誤り訂正符号の理論を確認し，それらがCDMAとどのように関わっているのかを解説することによりCDMAを理解することを試みた．MATLABをお持ちの読者においては，実際にシミュレーションできるよう，CD-ROMでプログラムを提供しているので是非試していただきたい．本書で用いているMATLABのバージョンは，R 11.1 (MATLAB 5.3.1/Simulink 3.0.1) である．

本書の構成としては，前半がCDMA全般の技術と理論の解説とし，後半でMATLAB/Simulinkを用いて，前半の内容を，符号に重点を置いて，シミュレーションを中心に確認している．また付録として，MATLAB/Simulinkの基本的な使用法を解説した．それぞれの執筆分担は以下のようである．

  第1章〜第4章：理論/概要編
    東京工業大学，真田幸俊
  第5章〜第7章：MATLAB/Simulinkによるシミュレーション編
    サイバネットシステム(株)
  付録：MATLAB/Simulinkの使用法の基本
    サイバネットシステム(株)

サイバネットシステム(株)執筆分は，MATLAB技術部の石塚真一が中心となって執筆した．

最後に本書を執筆するにあたり，東京工業大学情報工学科，荒木純道教授においては，ご多忙中にもかかわらず第一部の原稿を丹念にチェックして頂いた．また，東京電機大学出版局の植村八潮氏においては，出版までの間，多大なる励ましの言葉を頂いた．両氏に紙面を借りてお礼申し上げます．

              2000年2月 著者ら記す

目　　次

第1章　移動体通信の発展動向 …………………………………1

1.1　周波数分割多元接続（FDMA）………………………………4
1.2　時分割多元接続（TDMA）……………………………………4
1.3　符号分割多元接続（CDMA）…………………………………5
1.4　CDMAと誤り訂正符号 ………………………………………6
1.5　多元接続方式とセルへの周波数の割り当て ………………7
1.6　CDMAの特長・欠点 …………………………………………8

第2章　CDMAと拡散符号 ……………………………11

2.1　CDMAとスペクトル拡散通信方式 …………………………11
　　2.1.1　DS方式 ………………………………………………11
　　2.1.2　FH方式 ………………………………………………16
2.2　拡散符号 ………………………………………………………17
　　2.2.1　拡散符号と誤り率 …………………………………17
　　2.2.2　拡散符号に要求される条件 ………………………20
　　2.2.3　M系列 …………………………………………………20
　　2.2.4　直交符号 ……………………………………………22
　　2.2.5　Gold系列 ……………………………………………24
　　2.2.6　その他の系列 ………………………………………24

第3章 CDMAの要素技術 …27

- 3.1 パワーコントロール …27
- 3.2 RAKE方式 …29
- 3.3 ソフトハンドオフ …31
- 3.4 干渉除去 …32
  - 3.4.1 時間領域における他局間干渉除去 …33
  - 3.4.2 空間領域における他局間干渉除去 …33
- 3.5 ボイスアクティベーション …34
- 3.6 セクタ化 …35

第4章 次世代移動通信システム …37

- 4.1 IMT-2000標準 …38
  - 4.1.1 標準化動向 …38
  - 4.1.2 IMT-2000の要求条件 …40
  - 4.1.3 IMT-2000システムの技術的特長 …40
- 4.2 W-CDMAシステムの技術的特長 …42
  - 4.2.1 拡散率可変/マルチコード …43
  - 4.2.2 基地局間非同期[19] …45
  - 4.2.3 パイロット信号 …46
  - 4.2.4 パワーコントロール …47
  - 4.2.5 誤り訂正符号 …48
- 4.3 IMT-2000フェーズ2 …49

第5章 通信システムシミュレーション環境 …51

- 5.1 MATLAB/Toolbox環境 …52

		5.1.1　プログラム環境・・53
		5.1.2　対話型環境・・53
		5.1.3　GUI メニュー環境 ・・・・・・・・・・・・・・・・・・・・・・・・・・・・・・・・・・・・・・55
	5.2　Simulink/Blockset 環境 ・・・・・・・・・・・・・・・・・・・・・・・・・・・・・・・・・・・・・・・56
	5.3　プログラミング＆ブロック線図協調環境 ・・・・・・・・・・・・・・・・・・・・・57
		5.3.1　プログラムを Simulink のブロックに取り込む ・・・・・・・・・・・57
		5.3.2　プログラムの中から Simulink のシミュレーションを実行する・・57
	5.4　Stateflow 環境 ・・・59
		5.4.1　フローチャートの例・・・・・・・・・・・・・・・・・・・・・・・・・・・・・・・・・・・・60
		5.4.2　ステートチャートの例・・・・・・・・・・・・・・・・・・・・・・・・・・・・・・・・・61
	5.5　通信システム開発ツール ・・・・・・・・・・・・・・・・・・・・・・・・・・・・・・・・・・・・62
		5.5.1　Signal Processing Toolbox ・・・・・・・・・・・・・・・・・・・・・・・・・・・62
		5.5.2　DSP Blockset ・・63
		5.5.3　Communications Toolbox/Blockset ・・・・・・・・・・・・・・・・・・64
		5.5.4　Fixed Point Blockset ・・・・・・・・・・・・・・・・・・・・・・・・・・・・・・・・65
		5.5.5　その他のツール群・・・・・・・・・・・・・・・・・・・・・・・・・・・・・・・・・・・・・・65

第6章　MATLAB による符号の取り扱い ・・・・・・・・67

	6.1　代数的準備 ・・・68
		6.1.1　体とは？・・・70
		6.1.2　ガロア体とは？・・70
		6.1.3　既約多項式とは？・・・・・・・・・・・・・・・・・・・・・・・・・・・・・・・・・・・・・71
		6.1.4　原始多項式とは？・・・・・・・・・・・・・・・・・・・・・・・・・・・・・・・・・・・・・71
		6.1.5　ガロア拡大体とは？・・・・・・・・・・・・・・・・・・・・・・・・・・・・・・・・・・・72
	6.2　拡散符号 ・・・74
		6.2.1　疑似ランダム信号とランダム信号・・・・・・・・・・・・・・・・・・・・・・74
		6.2.2　M 系列・・78

	6.2.3	直交符号············80
	6.2.4	FH 系列············84
6.3	誤り訂正符号············90	
	6.3.1	符号と距離の関係············91
	6.3.2	最小距離と BCH 限界············91
	6.3.3	BCH 符号と RS 符号············93
	6.3.4	積符号············96
	6.3.5	連接符号············97
	6.3.6	畳み込み符号と Viterbi アルゴリズム············99

第7章　システムのシミュレーション············107

- 7.1 直接拡散方式（DS/CDMA）············107
  - 7.1.1 シングルユーザアクセス············107
  - 7.1.2 マルチユーザアクセス············110
- 7.2 周波数ホッピング方式（FH/SS）············113
  - 7.2.1 Simulink によるモデル············115
  - 7.2.2 マルチユーザアクセス············116

参考文献············120

付録 1　MATLAB の基本············125

- A 1.1 変数の定義方法············125
  - A 1.1.1 マニュアルによる方法············126
  - A 1.1.2 MATLAB の関数を使って作成する方法············127
- A 1.2 データ操作と演算/関数の使用法············130
  - A 1.2.1 データ操作············130

　　　　A 1.2.2　演算 ………………………………………………132
　A 1.3　プロットの方法 ……………………………………………141
　A 1.4　M-file の作成法 ……………………………………………146
　　　　A 1.4.1　スクリプト M-file …………………………………147
　　　　A 1.4.2　ファンクション M-file ……………………………150

付録 2　Simulink の基本 ……………………………153

　A 2.1　基本操作 ……………………………………………………153
　　　　A 2.1.1　Simulink の起動 …………………………………153
　　　　A 2.1.2　モデルウィンドウのオープン ……………………156
　　　　A 2.1.3　ライブラリのオープンとブロックのコピー ………157
　　　　A 2.1.4　ブロックの結線 ……………………………………159
　　　　A 2.1.5　ブロックパラメータの設定 ………………………160
　　　　A 2.1.6　シミュレーションパラメータの設定 ……………160
　　　　A 2.1.7　シミュレーション …………………………………161
　　　　A 2.1.8　システムのセーブ …………………………………162
　A 2.2　移動平均フィルタシステムの作成 ………………………164
　　　　A 2.2.1　フィルタブロックを用いる方法 …………………164
　　　　A 2.2.2　トランスバーサル構造で実現 ……………………164
　A 2.3　ブロックのカスタマイズ …………………………………168

索　引 …………………………………………………………………173

第3章 Simulinkの基本

1 移動体通信の発展動向

マルコーニが無線電信の実験に成功してから約百年がたった．この間に無線通信技術は目覚しく発達し，また軍事技術として発達した無線通信技術の多くが民生用に利用されるようになった．そして 1970 年代末からは移動通信が実用化され，急速に普及した．図 1.1 は移動通信システム発展プロセスの概略を示している[14][19][21]．日本における移動通信の歴史を簡単に振り返ると，次のようにまとめられる．

1979 年：東京でセル方式自動車電話（アナログ方式）サービスが電電公社により開始．600 チャネルの容量であった．

1985 年：電気通信制度の改革により電電公社が民営化され NTT となった．

1985 年：ショルダホン型自動車・携帯電話の販売が開始された．

1988 年：規制が緩和され，自動車・携帯電話サービス分野へ新事業者が参入した．

1992 年：NTT の自動車・携帯電話部門と無線呼出部門が NTT より分社された．

1994 年：一地域 4 社体制となり，競争が激化した．端末機の売切り制も導入され，加入者数が飛躍的に増加した．

1995 年：PHS 事業者が参入した．

1 移動体通信の発展動向

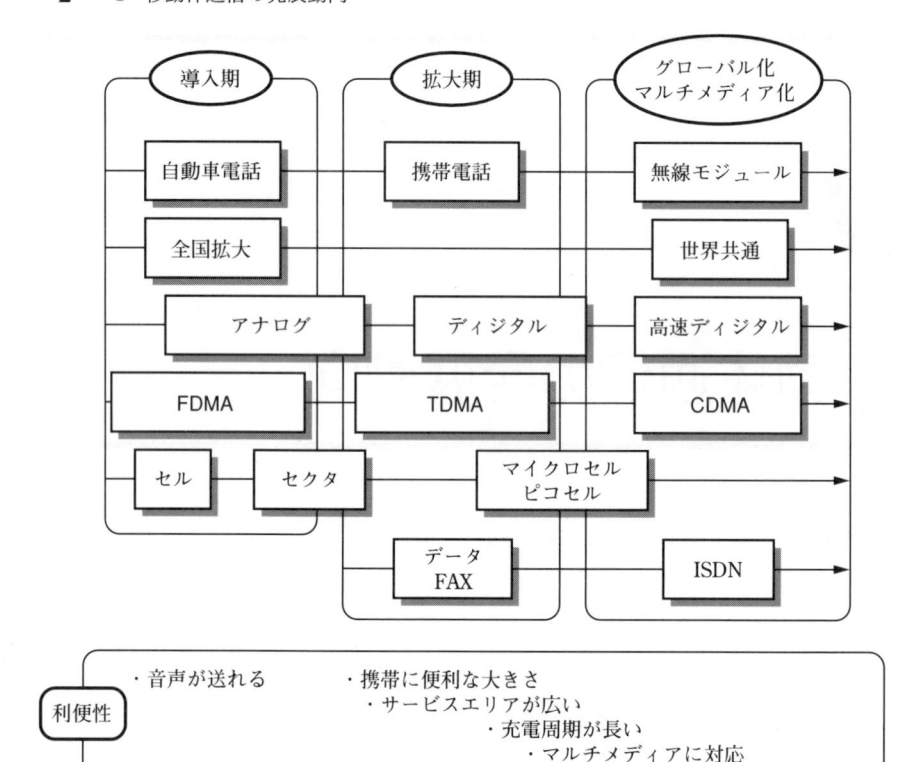

導入期
- 自動車電話
- 全国拡大
- アナログ
- FDMA
- セル / セクタ

拡大期
- 携帯電話
- ディジタル
- TDMA
- マイクロセル・ピコセル
- データ FAX

グローバル化・マルチメディア化
- 無線モジュール
- 世界共通
- 高速ディジタル
- CDMA
- ISDN

利便性
- ・音声が送れる
- ・携帯に便利な大きさ
- ・サービスエリアが広い
- ・充電周期が長い
- ・マルチメディアに対応

図1.1 移動通信の発展動向[14]

この間技術的には，周波数分割多元接続（FDMA：Frequency Division Multiple Access）を使ったアナログセルラーから時分割多元接続（TDMA：Time Division Multiple Access）を使ったディジタルセルラーへと移行してきた．第1世代のアナログ自動車・携帯電話方式は，世界的には

　―電電公社方式（日本）
　―AMPS（Advanced Mobile Phone Service，アメリカ）
　―NMT（Nordic Mobile Telecommunication，ヨーロッパ）
　―TACS（Total Area Coverage System，ヨーロッパ）

等複数の方式が用いられた．第2世代のディジタル自動車・携帯電話方式も，

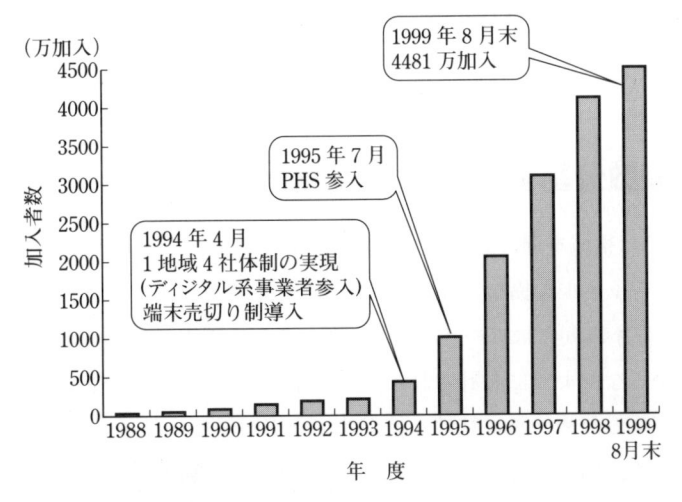

図1.2 携帯電話の加入者数の推移

　―Digital AMPS（アメリカ）
　―PDC（Personal Digital Cellular，日本）
　―GSM（Group Special Mobile，ヨーロッパ）
　―IS-95（CDMA，アメリカ）

等複数の方式が用いられることになった．

　これら複数方式の標準は地域ごとにあるいは事業者ごとに採用され，利用者は標準方式に合わせて異なる端末を用いる必要があった．このような反省を踏まえて世界統一の標準規格が，1985年ITU-R（International Telecommunication Union Radiocommunication Sector）TG 8/1（Task Group 8/1）で始められた．この標準はIMT-2000と呼ばれ，その名が表わすように2000 MHz（2 GHz）帯において2000 kbit/s（2 Mbit/s）の高速マルチメディア通信サービスを提供するシステムを2000年に導入することを目標としていた．多元接続方式としては符号分割多元接続（CDMA：Code Division Multiple Access）を採用することが決まっている．これからはマルチメディア化とグローバル化を目指して，CDMAを使った高速ディジタルセルラーシステムが導入されると予想される．

1　移動体通信の発展動向

第1章ではFDMA，TDMA，CDMAの3つの多元接続方式について解説し，その特徴について説明する．

1.1　周波数分割多元接続（FDMA）

FDMAでは帯域を周波数領域で分割し，チャネルを別々の周波数帯域に分け，それぞれのチャネルを異なる移動局に割り当てることにより多元接続を図っている[9][15]．チャネル間にはガードバンドが設けられ，隣接するチャネルからの信号が干渉にならないように設計される．FDMAでは安定したキャリア信号とチャネルを選択するための鋭い特性を持つフィルタが重要になる．図1.3にFDMAの概念を示す．FDMAはアナログセルラー方式の自動車・携帯電話，アナログコードレス電話等に広く用いられている．FDMAは多元接続の手順及び設備構成が比較的簡単で，広く実用化されている．しかし，チャネルの設定変更に対する柔軟性が乏しく，チャネルの効率も低い．セルラーシステムにおいては，隣接セルからの干渉を防ぐため，隣接セルで異なった周波数を割り当てなければならない．

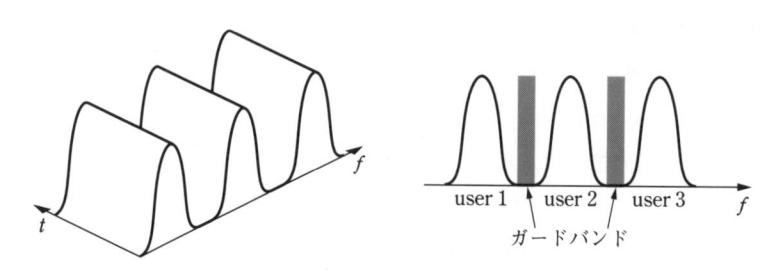

図1.3　FDMAの概念

1.2　時分割多元接続（TDMA）

TDMAでは帯域を時間領域で分割し，分割された時間幅（タイムスロット）を各移動局にチャネルとして割り当てることにより多元接続を図っている[15]．TDMAではスロット同期が重要である．またタイムスロット間にはガードタイムが設けられ，同期の誤差により隣接スロットの信号が干渉しないようにしてい

る．図 1.4 に TDMA の概念を示す．TDMA はディジタルセルラー方式の自動車・携帯電話，ディジタル衛星通信で広く用いられている．TDMA は伝送容量が大きく，異なる伝送速度のディジタル情報の伝送が容易である．また，設定変更に対しても柔軟に対応できる．しかしこの方式もセルラーシステムにおいては隣接セルに異なった周波数を割り当てる必要がある．

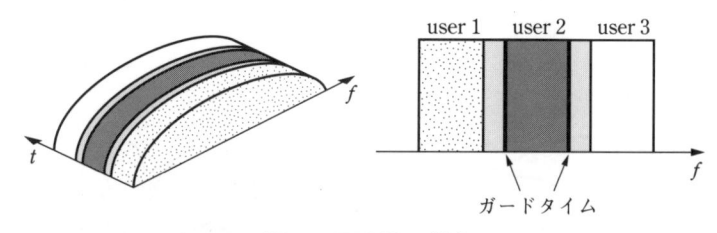

図 1.4　TDMA の概念

1.3　符号分割多元接続（CDMA）

　CDMA は伝送路を時間領域や周波数領域で分割するのではなく，直交化した符号を各移動局に割り当てることにより多元接続を図る方式である[9][15]．符号が持つ直交性により，完全に重なった周波数および時間上での多元接続が可能になる．代表的な CDMA としてスペクトル拡散（SS：Spread Spectrum）通信方式がある．スペクトル拡散通信方式の拡散方法としては，直接拡散（DS：Direct Sequence）と周波数ホッピング（FH：Frequency Hopping）がある．直接拡散は低速 1 次変調信号に高速広帯域の拡散符号を直接掛け合わせることによってスペクトル拡散を実現する．他方周波数ホッピングは 1 次変調信号のキャリア周波数を拡散符号のパターンに基づいて広帯域で切り替えることにより，長時間においてスペクトルを広帯域に分布させる．スペクトル拡散通信方式は秘話性，秘匿性，対干渉性に優れており，1940 年ごろから米軍で軍用に研究開発が行われた．その後，スペクトル拡散通信方式の持つ対干渉性を利用して衛星通信や 2.4 GHz 帯の無線 LAN などに利用されるようになった．またその測位機能から GPS（Global Positioning System）にも利用されている．

6　1　移動体通信の発展動向

図1.5にDS方式やFH方式を用いたCDMA方式の概念を示す．移動局ごとに拡散符号 $c(t)$ の異なる送受信機構成を用いて複数の移動局が同一周波数帯で同時に通信を行う．DS方式およびFH方式は第2章で説明する．CDMA方式は現在検討されている次世代移動通信システムでの採用が決まっている．この理由としてはCDMAの周波数利用効率が高いことや，マルチメディア通信への対応が容易であることが挙げられる．

（a）　直接拡散方式　　　　　　　　（b）　周波数ホッピング

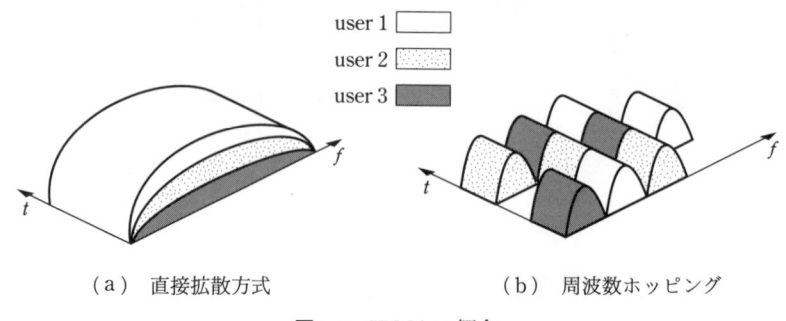

図1.5　CDMAの概念

1.4　CDMAと誤り訂正符号

FDMA・TDMAシステムの周波数利用効率は周波数帯域幅の直接的な関数となっている．つまりシステムの使用する周波数帯域幅が与えられれば，各移動局に割り当てられる周波数帯域幅もしくは時間幅からシステムの容量を直接導くことができる．これに対しCDMAシステムの場合には同一周波数帯・同一時間帯に複数の移動局が信号を伝送する．システムの容量は所要通信品質に依存し，これは同一チャネルを利用する移動局からの干渉によって決定される．したがって通信品質を改善する信号処理を行えば，システムの容量は増加する．

その代表として誤り訂正符号がある．図1.6に周波数利用効率と誤り訂正符号の関係の例を示す．誤り訂正後の誤り率を 10^{-5} に仮定している．r は誤り訂正符号の符号化率であり，符号化率が低いほど強力な誤り訂正能力を持つ場合である[16]．また単一セルを仮定している．この場合CDMAの周波数利用効率は誤り

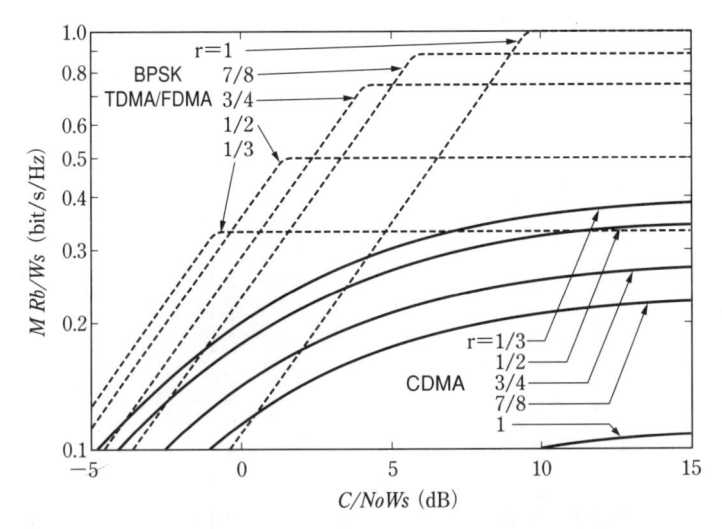

図1.6 周波数利用効率と誤り訂正符号の関係の例[16]

訂正符号の誤り訂正能力が高いほど改善していることがわかる．CDMAに対する誤り訂正符号の重要性が示されている．また単一セルの場合には，条件に依存するが，FDMA・TDMAと比較してCDMAの周波数利用効率はあまり良くないことがわかる．

1.5　多元接続方式とセルへの周波数の割り当て

複数のセルからなるセルラーシステムにおいては，多元接続の違いにより周波数の使用方法が異なる[3][15]．FDMA，TDMAではセル間の干渉を防ぐために，複数のセルがクラスタを形成し，隣接するセルには異なる周波数群を割り当てる．したがって，システムに割り当てられた帯域の一周波数群しか1つのセルでは使用できない．図1.7に示す4セルクラスタの例では単一セルシステムに比べて1/4に効率が低下する．一方，CDMAでは隣接セルでも同一の周波数を繰り返して使用できる．これは各移動局からの情報を拡散符号によって区別しているため，同一周波数を利用しても希望する情報を取り出すことができるからであ

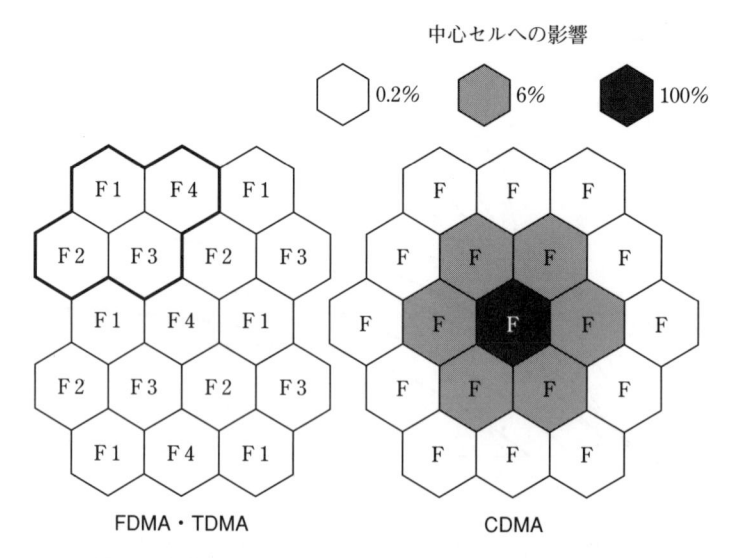

図1.7　各多元接続方式におけるセル構成と周波数割り当て[15]

る．ただし，隣接セルからの信号は希望信号に対する干渉となって受信信号に混入する．その干渉量は同一セル内からの干渉を100%としたとき隣接セルからは平均6×6%，その外側のセルからは平均0.2×12%である．

1.6　CDMAの特長・欠点

CDMAはFDMA・TDMAと比較して以下の特長を持つ[6]．

（1）FDMA・TDMAがガードバンドもしくはガードタイムを必要とするのに対し，CDMAは両方とも必要としない．またFDMA・TDMAシステムの容量が割り当てられた周波数帯域によって決定されるのに対して，CDMAシステムの容量は同一チャネル上の干渉によって決定される．

（2）FDMA，TDMAでは隣接セルからの干渉を嫌うため，隣接セルでは同一の周波数を使用できない．CDMAは干渉に強いので隣接セルで同一周波数を利用することができる．したがってFDMA・TDMAセルラーシステムではセ

ルに対する周波数割り当てを管理する必要があるが，CDMA セルラーシステムでは同一周波数を利用するため周波数割り当ての管理が容易である．

（3） マルチパスフェージング環境において FDMA・TDMA が等化器を必要とするのに対し，CDMA は等化器を必要としない．ただし周波数利用効率を改善するには RAKE 受信機および干渉除去装置を必要とする（第 3 章参照）．

CDMA の周波数利用効率が高い理由は以下による．

（1） CDMA は多元接続している移動局間の相互干渉を抑えれば，システムの容量を増加することができる．無音声時には送信電力を低減して干渉を減らすことができる（ボイスアクティベーション）．またアンテナの指向性や干渉除去装置を利用して干渉を低減することができる（セクタ化，干渉除去）．

（2） マルチパスで生じる周波数選択性の影響が少ない．RAKE 受信機によりパスダイバーシチを達成する（第 3 章参照）．

（3） 同一周波数帯でセルを構成するので，ソフトハンドオフを利用することができる．これにより周波数利用効率ならびに伝送品質の改善を行うことができる（第 3 章参照）．

CDMA がマルチメディア通信に向くとされる理由は以下の 2 つの方式により大幅な伝送レートの変更が可能なためである（第 4 章参照）．

（1） 複数の拡散符号を 1 つの移動局に割り当てるマルチコードによる通信が容易である．

（2） 複数の拡散率（＝拡散後の信号帯域/ベースバンド信号の帯域）を選択することができる．

CDMA の欠点には以下のようなものが挙げられる．

（1） 回路が複雑で消費電力が大きい．これは狭帯域信号を拡散または逆拡散する信号処理等が必要なためである．

（2） 精密なパワーコントロールが必要である．同一チャネル上を多元接続するため，たとえば特定の移動局の信号が強すぎると，基地局で他の移動局の信号を復調できない（遠近問題と呼ばれる）．

（3） 単一セル構成では周波数利用効率が FDMA，TDMA 方式よりも必ず

しも良くはならない．ただしこれは誤り訂正符号，ボイスアクティベーションの有無等の条件に大きく依存する．

表1.1に各多元接続の特徴をまとめている．

表1.1　多元接続方式の比較[15]

	FDMA	TDMA	CDMA
チャネルの形成	周波数領域で帯域を分割	同一周波数で，時間領域を分割	時間・周波数領域を符号により分割
セル内のユーザ間の分割	ガードバンド	ガードタイム	拡散符号の擬似直交性
周波数の繰り返し	同一周波数での干渉量に基づく繰り返し利用	同一周波数での干渉量に基づく繰り返し利用	同一周波数の利用
送信モード	連続送信	バースト送信	連続送信
システムの特徴	伝送速度が速くなると等化器，干渉キャンセラが有効	多重度が大きくなると等化器，干渉キャンセラが有効	DS-CDMAでは送信電力制御が不可欠，RAKE受信で品質向上，干渉キャンセラが容量増加に有効
マルチレートへの対応	困難(マルチキャリア)	容易(マルチスロット/スロット長可変)	容易(マルチコード，マルチレート)
適用例	アナログ自動車・携帯電話 AMPS (FDMA/FDD)	GSM (TDMA/FDD) USDC (TDMA/FDD) PDC (TDMA/FDD) PHS (TDMA/TDD)	IS-95 (CDMA/FDD)

2

CDMA と拡散符号

　第1章では CDMA と他の多元接続方式の比較を行った．そして CDMA セルラーシステムの周波数利用効率が高いことを導き，その理由が同一時間に同一周波数帯を利用して複数の移動局が伝送を行うことができる CDMA の特徴に起因していることを説明した．本章では CDMA のこのような特徴を可能にするスペクトル拡散通信方式について説明する．そしてスペクトル拡散通信で重要な役割を担う拡散符号について解説する．

2.1　CDMA とスペクトル拡散通信方式

　前述のように CDMA システムはスペクトル拡散通信方式を利用して構成することができる．スペクトル拡散変復調法としては，直接拡散（DS）法，周波数ホッピング（FH）法，時間ホッピング（TH）法，チャープ（Chirp）変調法およびこれらを組み合わせた各種のハイブリッド方式がある．ここでは DS と FH に焦点を絞る[6]．

2.1.1　DS 方式

　図 2.1 は DS 方式のシステムの構成である．情報信号 $b(t)$ は図 2.2 に示したように振幅 1 および -1 の矩形波であるとする．情報信号 $b(t)$ でキャリア cos

2 CDMAと拡散符号

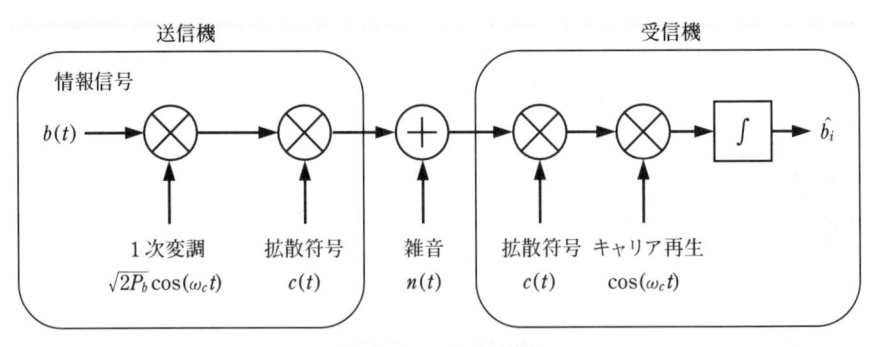

```
送信機                                    受信機
情報信号
b(t) →⊗→⊗→⊕→⊗→⊗→∫→ b̂_i
      ↑  ↑   ↑  ↑   ↑
    1次変調 拡散符号 雑音 拡散符号 キャリア再生
    √2P_b cos(ω_c t)  c(t)  n(t)  c(t)  cos(ω_c t)
```

図2.1 DS方式の構成

($\omega_c t$)を変調した後，拡散符号$c(t)$を掛け合わせる．各信号の時間波形を図2.2に示す．ただし変調方式はBPSK（Binary Phase Shift Keying），ビットあたりの信号電力はP_bである．拡散符号の周期T_cは情報信号の周期T_bに比べて短い．図2.3に示したように，周期の短い矩形波をフーリエ変換するとその帯域は周期に反比例して長くなる．したがって図2.4に示したように拡散符号を掛け合わされた信号の帯域は元の狭帯域信号に比べて$N=T_b/T_c$倍大きい．Nを拡散率という．

受信機における受信信号は送信信号に雑音$n(t)$が加わり，

$$r(t) = \sqrt{2P_b}\,b(t)c(t)\cos(\omega_c t) + n(t) \tag{2.1}$$

となる．受信機ではこの受信信号に送信側と同じ拡散符号$c(t)$を掛けて狭帯域信号に戻し，$\cos(\omega_c t)$を掛けてベースバンド信号に戻す．そしてその信号を拡散符号の1周期にわたって積分する．受信機の拡散符号は受信信号の拡散符号と同期していると仮定すると，積分結果は

$$\begin{aligned} z &= \int_0^{T_b} r(t)c(t)\cos(\omega_c t)\,dt \\ &= \int_0^{T_b} \sqrt{2P_b}\,b(t)c(t)\cos(\omega_c t)\cdot c(t)\cos(\omega_c t)\,dt + \int_0^{T_b} n(t)\cos(\omega_c t)\,dt \end{aligned}$$
$$(2.2)$$

ここで$c(t)^2=1$より右辺の第1項は

2.1 CDMAとスペクトル拡散通信方式　**13**

情報信号
$b(t)$

1次変調
$\sqrt{2P_b}\,b(t)$
$\cdot \cos(\omega_c t)$

送信側
拡散系列
$c(t)$

送信信号
$\sqrt{2P_b}\,b(t)\,c(t)$
$\cdot \cos(\omega_c t)$

キャリア再生
$\cos(\omega_c t)$

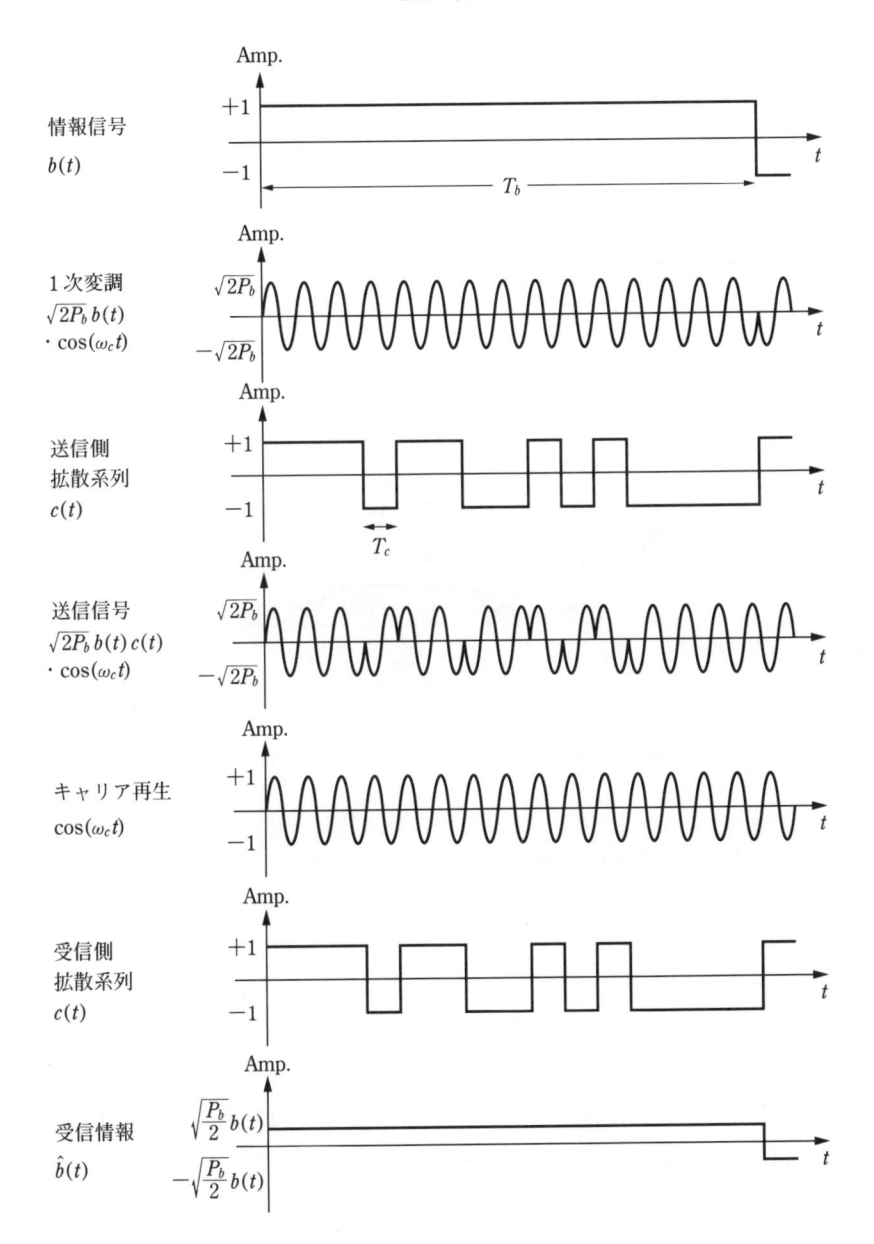

受信側
拡散系列
$c(t)$

受信情報
$\hat{b}(t)$

図 2.2　DS 変復調波形

2 CDMA と拡散符号

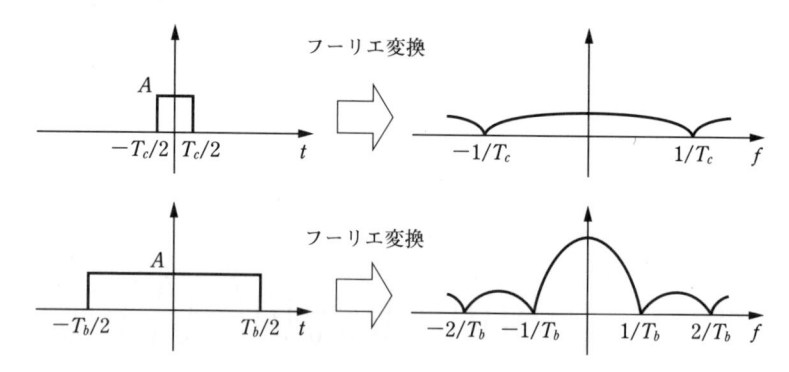

図 2.3 矩形波のスペクトル

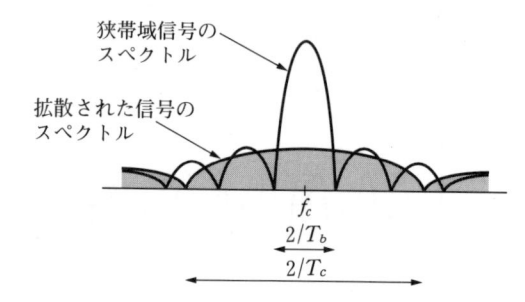

図 2.4 狭帯域信号と拡散された信号のスペクトル

$$\int_0^{T_b} \sqrt{2P_b}\,b(t)c(t)\cos(\omega_c t)\cdot c(t)\cos(\omega_c t)dt$$
$$=\int_0^{T_b} \sqrt{2P_b}\,b(t)\frac{1+\cos(2\omega_c t)}{2}dt=\sqrt{\frac{P_b}{2}}\hat{b}_0 \quad (2.3)$$

となる．ここで

$$\hat{b}_i=\int_{(i-1)T_b}^{iT_b} b(t)dt \quad (2.4)$$

である．また，第 2 項は図 2.5 のように $n(t)$ として両側電力スペクトル密度 $N_0/2$ の白色ガウス雑音を考えると，分散は $N_0 T_b/4$ となる．$E_b=P_b T_b$ とすると誤り率は

$$P_e=Q(\sqrt{SNR}), \quad (2.5)$$

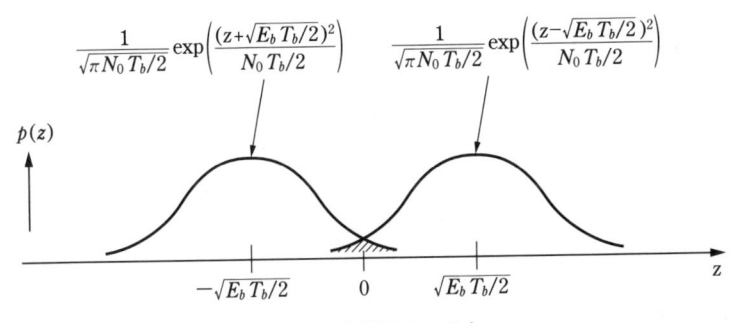

2.1 CDMAとスペクトル拡散通信方式　**15**

$$\frac{1}{\sqrt{\pi N_0 T_b/2}} \exp\left(\frac{(z+\sqrt{E_b T_b/2})^2}{N_0 T_b/2}\right) \qquad \frac{1}{\sqrt{\pi N_0 T_b/2}} \exp\left(\frac{(z-\sqrt{E_b T_b/2})^2}{N_0 T_b/2}\right)$$

図 2.5　相関出力の分布

$$SNR = \frac{\left(\sqrt{\frac{P_b}{2}} T_b\right)^2}{\frac{N_0 T_b}{4}} = \frac{2 P_b T_b}{N_0} = \frac{2 E_b}{N_0} \tag{2.6}$$

より

$$P_e = Q\left(\sqrt{\frac{2 E_b}{N_0}}\right) \tag{2.7}$$

となる．これを図 2.6 に示す．ただし

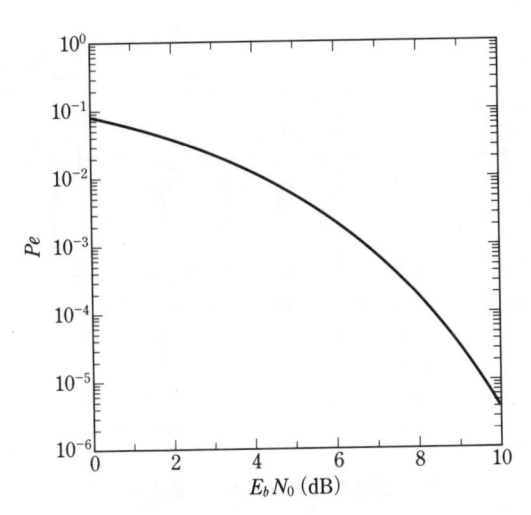

図 2.6　E_b/N_0 と誤り率の関係

16　2　CDMA と拡散符号

$$Q(x) = \frac{1}{\sqrt{2\pi}} \int_x^\infty e^{-t^2/2} dt \tag{2.8}$$

である．ここで逆拡散後の SNR（Signal to Noise Ratio）と逆拡散前の SNR の比を処理利得という．この場合処理利得は拡散率と等しい．

図 2.1 の送信側において 1 次変調と拡散の順番を入れ替えても，受信側において逆拡散と再生したキャリアを掛け合わせる操作を入れ替えても数学的には等価である．しかし，実際には図 2.1 のような構成が用いられることが多い[6]．

2.1.2　FH 方式

FH 方式は搬送周波数を定められた順序に従って時間的に切り替えていくことによりスペクトルを拡散する変調方式である．図 2.7 に FH 方式の構成の一例を示す．いま，キャリアが T_h で切り替わっていくものとすると，波形は図 2.8 のようになる（実際には位相は不連続である）．そしてそのスペクトルは図 2.9 のようになる．FH 方式を用いて多元接続を達成した場合には，相互に周波数の衝突が少ないこと，符号の種類が多くとれることが要求される．

FH には大きく分けて SFH（Slow Frequency Hopping）と FFH（Fast Fre-

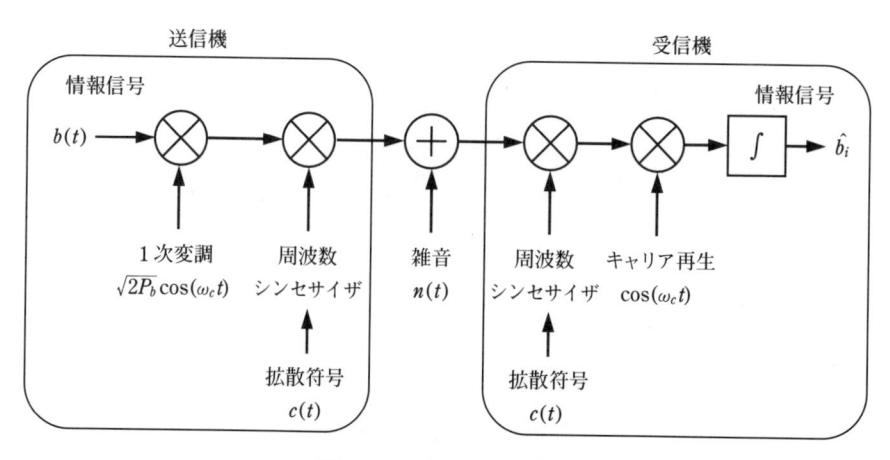

図 2.7　FH/SS 方式の構成

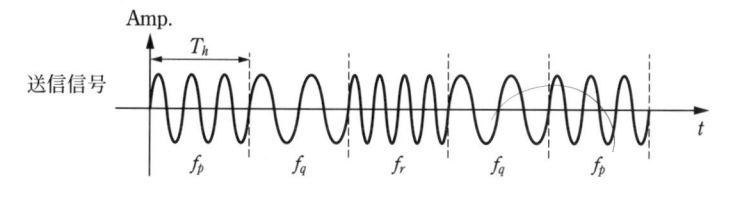

図 2.8　FH/SS 方式の時間波形

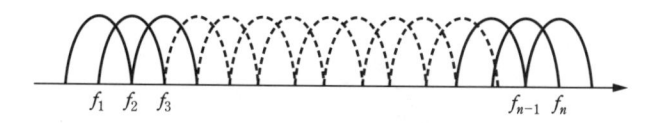

図 2.9　FH/SS 方式の送信信号のスペクトル

quency Hopping）の 2 種類がある．Slow か Fast かは厳密な区別はないが，T_h をホッピング速度としたとき $T_h > T_b$ の場合を SFH，$T_h <= T_b$ の場合を FFH と呼ぶ場合が多い．

2.2　拡散符号

2.2.1　拡散符号と誤り率

　CDMA システムの特徴である同一時間・同一周波数における情報伝送は，拡散符号の自己相関特性および相互相関特性に基づいている[6]．例えば図 2.10 のように 2 つの移動局が情報を伝送するとする．2 つの移動局にはそれぞれ拡散符号 $c_1(t)$ と $c_2(t)$ が割り当てられているとする．したがって，受信側で移動局 1 の信号を受信する場合，受信信号は

$$r(t) = \sqrt{2P_b}\, b_1(t) c_1(t) \cos(\omega_c t) + \sqrt{2P_b}\, b_2(t) c_2(t) \cos(\omega_c t) + n(t) \tag{2.9}$$

となる．この受信信号を拡散符号の 1 周期にわたって積分すると

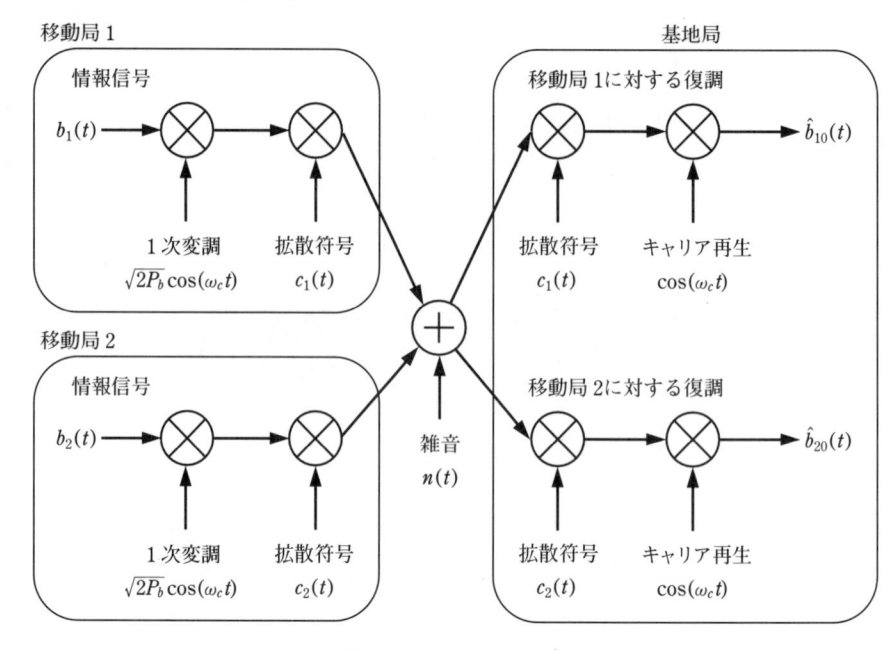

図 2.10 CDMA の構成

$$z_1 = \int_0^{T_b} r(t)c_1(t)\cos(\omega_c t)dt$$
$$= \sqrt{\frac{P_b}{2}}\hat{b}_{10}\int_0^{T_b} c_1(t)c_1(t)dt + \sqrt{\frac{P_b}{2}}\hat{b}_{20}\int_0^{T_b} c_2(t)c_1(t)dt$$
$$+ \int_0^{T_b} n(t)c_1(t)\cos(\omega_c t)dt \tag{2.10}$$

となる．ここで

$$\hat{b}_{ki} = \int_{(i-1)T_b}^{iT_b} b_k(t)dt \tag{2.11}$$

である．式(2.10)の右辺の第1項は移動局1からの希望信号である．第2項は移動局2からの信号，すなわち他局間干渉である．CDMAシステムの容量は，この第2項の他局間干渉で制限される．ここで，拡散符号 $c_1(t)$ と $c_2(t)$ の間に以下のような関数を定義する．

$$\frac{1}{T_b}\int_0^{T_b} c_1(t)c_1(t-\tau)dt = R_{c_1 c_1}(\tau), \tag{2.12}$$

$$\frac{1}{T_b}\int_0^{T_b} c_1(t)c_2(t-\tau)dt = R_{c_1 c_2}(\tau). \tag{2.13}$$

式 (2.12) を $c_1(t)$ の自己相関関数, (2.13) を $c_1(t)$ と $c_2(t)$ の相互相関関数という. $c_1(t)$ と $c_2(t)$ をチップ周期 T_c で 1 符号周期サンプルした系列を $\{C_{1n}\}$ と $\{C_{2n}\}$ とすると $R_{c_1 c_1}(l)$ と $R_{c_1 c_2}(l)$ は以下のように表される.

$$R_{C_1 C_1}(l) = \sum_{n=0}^{N-1} C_{1n} C^*_{1(n+l \bmod N)}, \tag{2.14}$$

$$R_{C_1 C_2}(l) = \sum_{n=0}^{N-1} C_{1n} C^*_{2(n+l \bmod N)}. \tag{2.15}$$

ここで * は複素共役を表わす. 式 (2.13) もしくは (2.15) で表される相互相関が他局間干渉量を決定する.

K 移動局が BPSK 信号を送信し等電力 P_b で受信した場合の基地局における受信信号は

$$r(t) = \sum_{k=1}^{K} \sqrt{2P_b}\, b_k(t-\tau_k) c_k(t-\tau_k)\cos(\omega_c t + \phi_k) + n(t) \tag{2.16}$$

となる. ここで τ_k は k 番目の移動局の信号の相対的遅延, ϕ_k は k 番目の移動局の信号の初期位相を表わす. いま i 番目の移動局からの信号の相対的遅延および初期位相を

$$\tau_i = \phi_i = 0 \tag{2.17}$$

と置く. この移動局の信号に対応する相関器出力を z_i とすると

$$\begin{aligned} z_i &= \int_0^{T_b} r(t) c_i(t)\cos(\omega_c t) dt \\ &= \sqrt{2P_b}\int_0^{T_b} b_i(t) c_i^2(t)\cos(\omega_c t) dt \\ &\quad + \sqrt{2P_b}\sum_{k=1, k\neq i}^{K}\int_0^{T_b} b_k(t-\tau_k) c_k(t-\tau_k) c_i(t)\cos(\omega_c t + \phi_k)\cos(\omega_c t) dt \\ &\quad + \int_0^{T_b} n(t) c_i(t)\cos(\omega_c t) dt \end{aligned} \tag{2.18}$$

表 2.1 r_o の値（矩形波パルス）

		遅延	
		Synchronous	Asynchronous
位相	0のみ	1	2/3
	$[0, 2\pi)$	1/2	1/3

となる．第1項が移動局 i の受信出力，第2項は他局間干渉出力，第3項は雑音出力である．拡散符号長が十分に長く K が大きい場合に相互相関を加法性白色ガウス雑音で近似すると，SNR は

$$SNR = \frac{E_b}{r_o \frac{(K-1)E_b}{N} + \frac{N_0}{2}} \quad (2.19)$$

となる．分母の第1項が他局間干渉成分を表している．ただし r_o はシステムに依存する係数である．矩形波パルスを仮定し，表2.1のように各移動局は非同期に送信し，キャリアの初期位相は $[0, 2\pi)$ に分布する場合は $r_o=1/3$ となる．

2.2.2 拡散符号に要求される条件

CDMA システムにおいて要求される拡散符号の性質は[6]

（1） 自己相関関数 $R_{c_i c_i}(l)$ が位相差 $l=0 \bmod N$ （N：周期）で鋭いピークを持ち，それ以外の l について絶対値が十分小さいこと．

（2） CDMA システム内に割り当てた拡散符号の中で，任意の二つの系列 $\{C_{in}\}$ と $\{C_{jn}\}$ の相互相関関数 $R_{c_i c_j}(l)$ の絶対値がすべての位相差 l について十分小さいこと．

（3） 上記条件を満たす拡散符号の集合に含まれる符号数が多いこと．

である．様々な符号が研究されているが，ここでは代表的な3つの符号，M系列，直交符号および Gold 系列のみを取り扱う．

2.2.3 M 系列

前節で述べた拡散符号の要求を満たす系列の代表として，PN（Pseudorandom Noise）系列がある．PN 系列は以下のランダム性の性質を満足する符号と

定義することができる[2].

(1) 平衡性

系列の1周期内で,「1」の出現する回数と,「0」の出現する回数は,たかだか1しか違わない.

(2) 連なり性

1周期に含まれる「1の連なり」と「0の連なり」のうち,それぞれの連なりの半分は長さが「1」で,1/4は「2」,1/8は「3」…すなわち,連なり数 m のものは $1/2^m$ の割合で存在する.

(3) 相関性

系列を巡回させ,あらゆる状態で各項ごとに比較を行った場合,一致する項の数と一致しない項の数は,たかだか1しか違わない.

例2.1 周期15のPN系列：0 0 0 1 1 1 1 0 1 0 1 1 0 0 1

　　　　平衡性　　　「0」：7個　　　「1」：8個
　　　　連なり性　　0 0 0｜1 1 1 1｜0｜1｜0｜1 1｜0 0｜1
　　　　　　　　　　連なり数1：0（2回），1（2回）　　　計4回
　　　　　　　　　　連なり数2：00（1回），11（1回）　　計2回
　　　　　　　　　　連なり数3：000（1回）　　　　　　　計1回
　　　　　　　　　　連なり数4：1111（1回）　　　　　　 計1回
　　　　相関性　　　0 0 0 1 1 1 1 0 1 0 1 1 0 0 1
　　　　　　　　　⊕ 0 0 1 1 1 1 0 1 0 1 1 0 0 1 0　←左シフト
　　　　　　　　　　0 0 1 0 0 0 1 1 1 1 0 1 0 1 1　「0」：7個「1」：8個

　　⊕ は mod 2 の加算．つまり

　　　　0+0=0, 1+1=0
　　　　1+0=1, 0+1=1

(mod 2 の加算で得られた系列が元のPN系列をシフトさせたものであることに注意.)

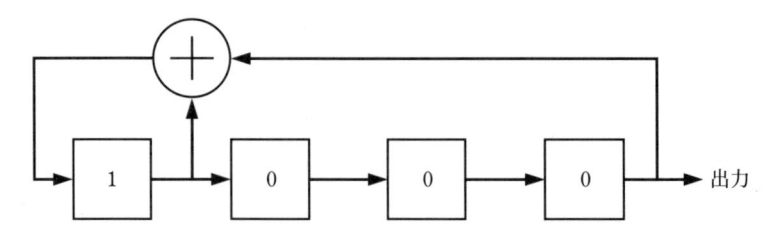

図 2.11 線形帰還シフトレジスタによる生成例

PN系列は図2.11のようなシフトレジスタ回路で生成することができる．PN系列をn個のシフトレジスタで生成した場合，周期が2^n-1（最大周期）になるものをM系列（maximum-length sequence）という．BPSK変調の場合においては系列0を1，1を-1と置いて用いられる．

M系列は相関性からわかるように，図2.12（a）に示すような

$$R_{c_1c_1}(l) = \begin{cases} N & l=0 \bmod N \\ -1 & その他の時 \end{cases} \quad (2.20)$$

という優れた自己相関特性を持つ．他方，CDMAシステムの容量を決定する相互相関特性は図2.12（b）のようになる．前述の例では移動局数2の場合を考えたが送信局数が増加すると相互相関が累積し，自己相関のピークを検出できなくなり，同期，復調ができなくなる．

2.2.4 直交符号

もう一つの代表的な拡散符号が直交符号である[7]．周期Nの直交符号は次に示すアダマール行列で生成され得る．

$$H_1 = [1]$$

$$H_2 = \begin{bmatrix} 1 & 1 \\ 1 & -1 \end{bmatrix}$$

...

$$H_N = \begin{bmatrix} H_{N/2} & H_{N/2} \\ H_{N/2} & -H_{N/2} \end{bmatrix} \quad (2.21)$$

(a) 自己相関特性（周期 15）

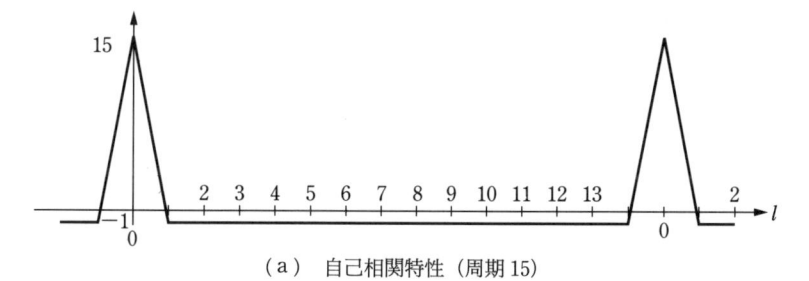

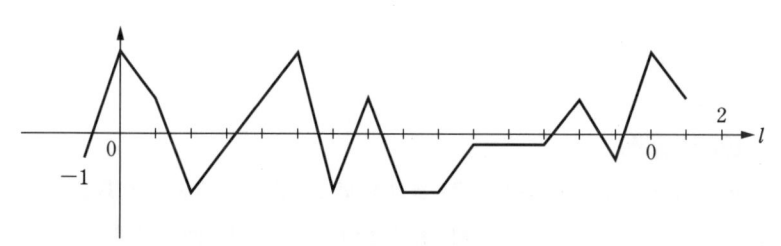

(b) 相互相関特性（周期 15）
$C_1 = (1\ 1\ 1\ -1\ -1\ -1\ -1\ 1\ -1\ 1\ -1\ -1\ 1\ 1\ -1)$
$C_2 = (-1\ 1\ 1\ -1\ -1\ 1\ 1\ -1\ 1\ -1\ -1\ -1\ -1\ 1\ 1\ 1)$

図 2.12　M 系列の自己相関特性と相互相関特性

直交符号は(2.21)によって生成された行列の各行（または各列）を符号として取り出して用いられる．直交符号の自己相関特性は

$$R_{c_1 c_1}(0) = N \tag{2.22}$$

となり，相互相関特性は

$$R_{c_1 c_2}(0) = 0 \tag{2.23}$$

となる．このように直交符号の自己相関特性は，符号の位相差 l が 0 の時には理想的な特性を示すが，l が 0 以外の時には M 系列ほど良くない．

例2.2　周期4の直交符号

$$H_4 = \begin{bmatrix} 1 & 1 & 1 & 1 \\ 1 & -1 & 1 & -1 \\ 1 & 1 & -1 & -1 \\ 1 & -1 & -1 & 1 \end{bmatrix}$$

　　　　自己相関　　　　　　相互相関

　　　　1 1 1 1　　　　　　1　1 1　1
　　⊗ 1 1 1 1　　　　　⊗ 1 −1 1 −1
　　――――――――　　　――――――――――
　　　　1 1 1 1 ⇒ 4　　　1 −1 1 −1 ⇒ 0

2.2.5　Gold系列

　Gold系列は，周期 N の等しい M 系列を使って得られる系列である[2][6]．特にプリファードペアと呼ばれる関係にある2つの M 系列を使って発生される系列は，一様に小さな相互相関値をとる．プリファードペアな関係にある周期 N の M 系列を，それぞれ $c_1(l)$ と $c_2(l)$ とすると，Gold系列は次の（N＋2）種類得られる．

$$g_l(t) = c_1(t)c_2(t+l) \quad ; \quad l=0, 1, 2, \cdots, N-1$$
$$g_{N+1}(t) = c_1(t)$$
$$g_{N+1}(t) = c_2(t)$$

Gold系列を発生するシフトレジスタの構成法には図2.13のように2つの方法がある．1つは2つのシフトレジスタによって生成する方法である．もう1つは各 M 系列を生成するための原始多項式を掛け合わせた多項式を利用して1つのシフトレジスタで生成する方法である．

2.2.6　その他の系列

　　　拡散符号に使われる系列には，その他[6]
　　　・嵩系列
　　　・JPL系列
　　　・Geffe系列

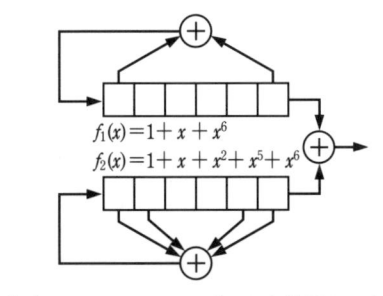

(a) 2つのシフトレジスタを使用する方法

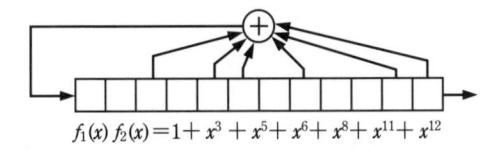

$f_1(x) = 1 + x + x^6$
$f_2(x) = 1 + x + x^2 + x^5 + x^6$

(b) 1つのシフトレジスタで実現する方法

$f_1(x) f_2(x) = 1 + x^3 + x^5 + x^6 + x^8 + x^{11} + x^{12}$

図 2.13 周期 63 の Gold 系列発生器

などがあり,各々様々な特徴を持つ.また FH 用の系列としては[6]

- 多値 PN 系列
- OCC 系列
- G. Einarsson の提案する系列[2]

などがある.

3

CDMAの要素技術

前節で取り上げた拡散符号の自己相関特性および相互相関特性を利用し，あるいはその欠点を補うために，様々な要素技術が研究されてきた．本節ではその一部について概説する[6]．

3.1 パワーコントロール

CDMA システムの場合，拡散符号の相互相関特性はできるだけ小さいことが要求される．しかし，式 (2.15) のすべての位相差 l に対して相互相関値を 0 にすることはできない．したがって拡散符号の相互相関が干渉となり，通信品質を劣化させる．これを低減させる方法の 1 つにパワーコントロールがある．CDMA セルラーシステムにおけるパワーコントロールの意味は上り回線と下り回線で異なる．

上り回線においては図 3.1(a)のように基地局が位置のことなる移動局から信号を受信する．仮に移動局 2 がより基地局に近い位置にあり，移動局 2 の信号が移動局 1 の信号よりも 2 倍の振幅で受信されると，基地局における移動局 1 のための相関器出力は図 3.1(b)のようになる．この時，自己相関値よりも相互相関値の方が大きくなり，移動局 1 のための受信機は相互相関出力に同期してしま

28　3　CDMAの要素技術

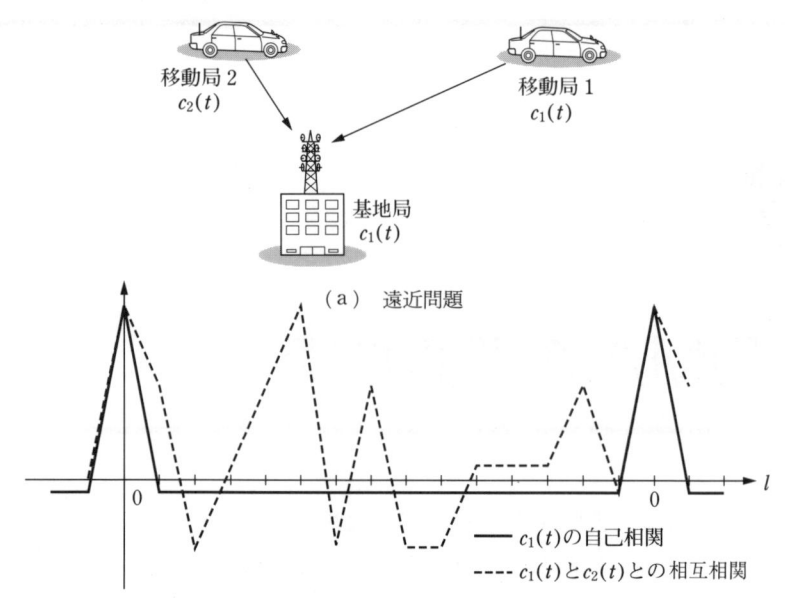

（a）遠近問題

——— $c_1(t)$ の自己相関
----- $c_1(t)$ と $c_2(t)$ との相互相関

（b）基地局における移動局1のための相関器の出力

図3.1　上り回線における遠近問題

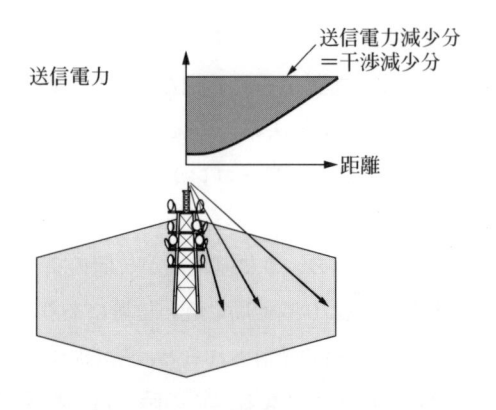

図3.2　下り回線におけるパワーコントロール

い，伝送誤りを引き起こす．この現象を防ぐには，移動局2の送信パワーをコントロールして，基地局における受信信号のレベルを移動局1からの受信信号レベルと同じにする方法が考えられる．これが上り回線におけるパワーコントロールである．

一方下り回線においては，セル内の移動局に対して基地局が一括に情報を送信するため，各移動局の拡散符号の位相を調整することは容易である．また，直交符号を利用して相互相関を低減することも可能である．下り回線におけるパワーコントロールは，図3.2に示したように基地局からの総送信電力を抑えて，セル間干渉を低減することが主な目的である．

3.2 RAKE方式

これまでの議論では通信路を白色ガウス雑音路と仮定してきた．つまり受信信号には熱雑音の影響のみを考えてきた．しかし実際には移動体通信路はマルチパスフェージング路と考えられる．

図3.3に示すように，基地局から送信された信号はビルなどによって反射，回折，散乱して移動局に受信される．複数のパスをたどった信号が異なる時間遅延

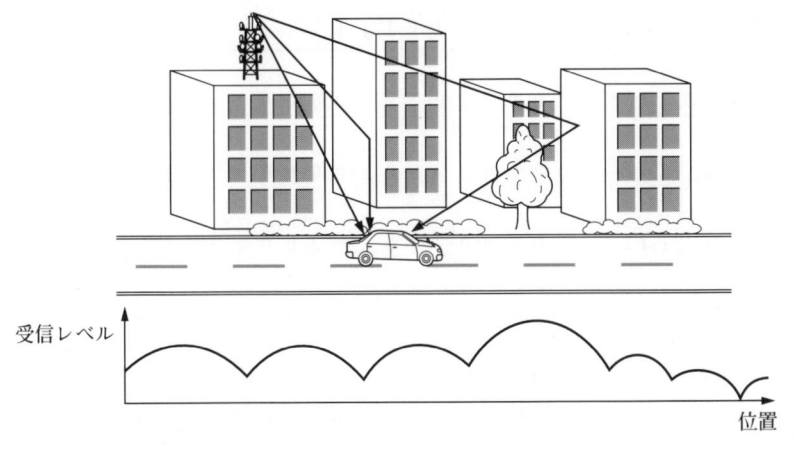

図3.3　マルチパスフェージング

30   3 CDMA の要素技術

を持って移動局に到達するため，位置によって電界強度が強くなったり弱くなったりする．このような中を移動局は移動するため，信号の受信レベルが大きく変動する．これがマルチパスフェージング路である．

図 3.4 のように受信側で整合フィルタを用いて逆拡散を行う場合を考える．2つの異なるパスをたどってきた信号波が2チップの遅延を持ち同じ受信レベルで受信されるとすると，合成波は

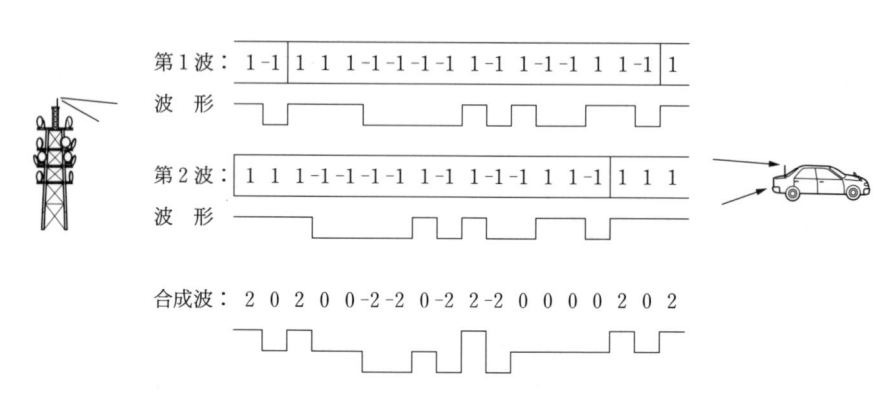

```
第1波: 1 -1 | 1 1 1 -1 -1 -1 1 -1 1 -1 -1 1 1 -1 | 1
波 形

第2波:     | 1 1 1 -1 -1 -1 1 -1 1 -1 -1 1 1 -1 | 1 1 1
波 形

合成波: 2 0 2 0 0 -2 -2 0 -2 2 -2 0 0 0 0 2 0 2
```

となる（ただし，ここでは受信振幅は1であると仮定している）．この時整合フィルタ出力は

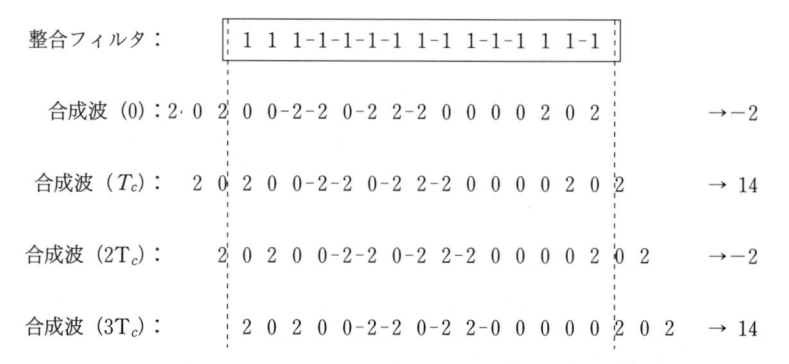

```
整合フィルタ:        | 1 1 1 -1 -1 -1 1 -1 1 -1 -1 1 1 -1 |

合成波 (0):   2 0 2 | 0 0 -2 -2 0 -2 2 -2 0 0 0 0 2 0 2 |        → -2

合成波 (T_c):   2 0 | 2 0 0 -2 -2 0 -2 2 -2 0 0 0 0 2 0 | 2      → 14

合成波 (2T_c):   2 | 0 2 0 0 -2 -2 0 -2 2 -2 0 0 0 0 2 0 | 2      → -2

合成波 (3T_c):     | 2 0 2 0 0 -2 -2 0 -2 2 -2 0 0 0 0 2 | 0 2    → 14
```

のように遅延波の遅延に合わせていくつかのピークを出力する．このピークに係数をかけて合成するのが，図 3.5 に示した RAKE 方式である．RAKE 方式を利用することにより到来パスを分解しフェージングの影響を緩和することができる．

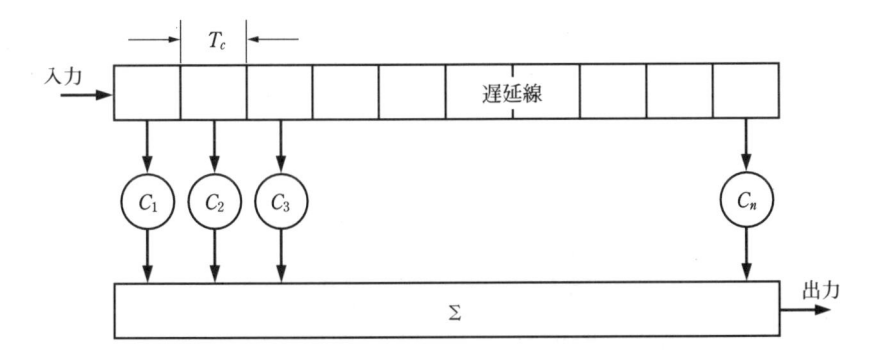

図 3.4　整合フィルタ

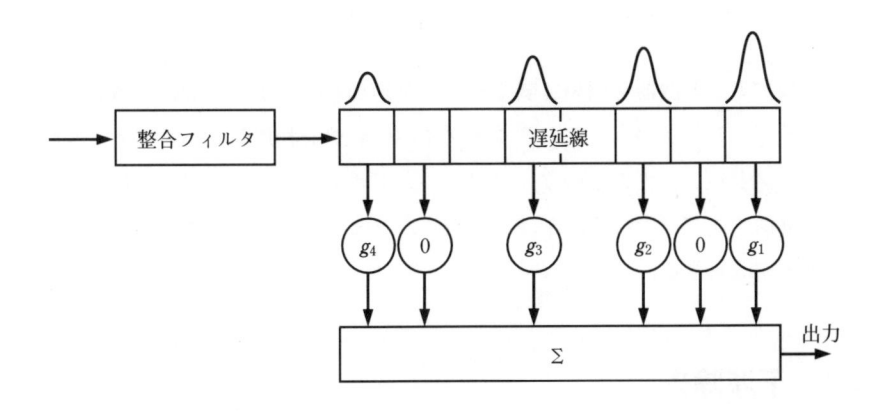

図 3.5　整合フィルタおよび RAKE フィルタ

3.3　ソフトハンドオフ

　移動局がセルからセルに移る時に生じる操作をハンドオフと呼んでいる[4][5]．FDMA・TDMA システムの場合，セルを切り替える時に基地局からの信号が瞬断する．しかし CDMA システムの場合は隣接セルが同一周波数を利用しているため，移動局は隣接セルの基地局からの信号も同時に受信することができる．移

32 3 CDMA の要素技術

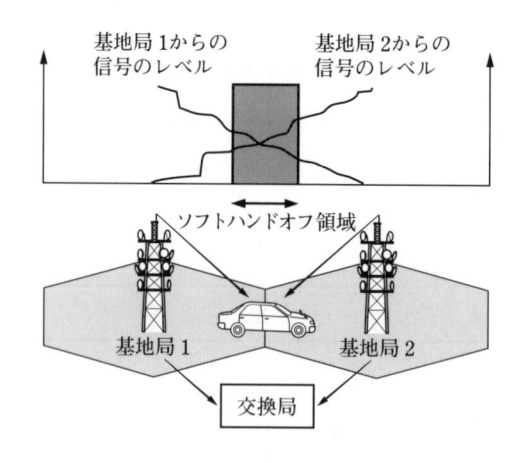

図 3.6 サイトダイバーシチとソフトハンドオフ

動局が複数の逆拡散器を用いて隣接セルの基地局からの信号も受信することをサイトダイバーシチという．このサイトダイバーシチを利用してハンドオフを行うことをソフトハンドオフという．ソフトハンドオフはハンドオフにおけるクリック音を解消するだけでなく，干渉を低減し，フェージングの影響を抑え，周波数利用効率を改善する．

3.4 干渉除去

前述のように CDMA システムの周波数利用効率は，拡散符号の相互相関に起因する他局間干渉によって制限される．したがってこの他局間干渉を除去することによって，CDMA システムの周波数利用効率を改善することができる．この様な干渉除去技術は特に基地局で用いられ，上り回線の周波数利用効率を改善する．

他局間干渉除去には大きく分けて 3 つの分類がある[6]．
（1） 時間領域における他局間干渉除去
（2） 空間領域における他局間干渉除去
（3） それらの組合せによる時空間干渉除去

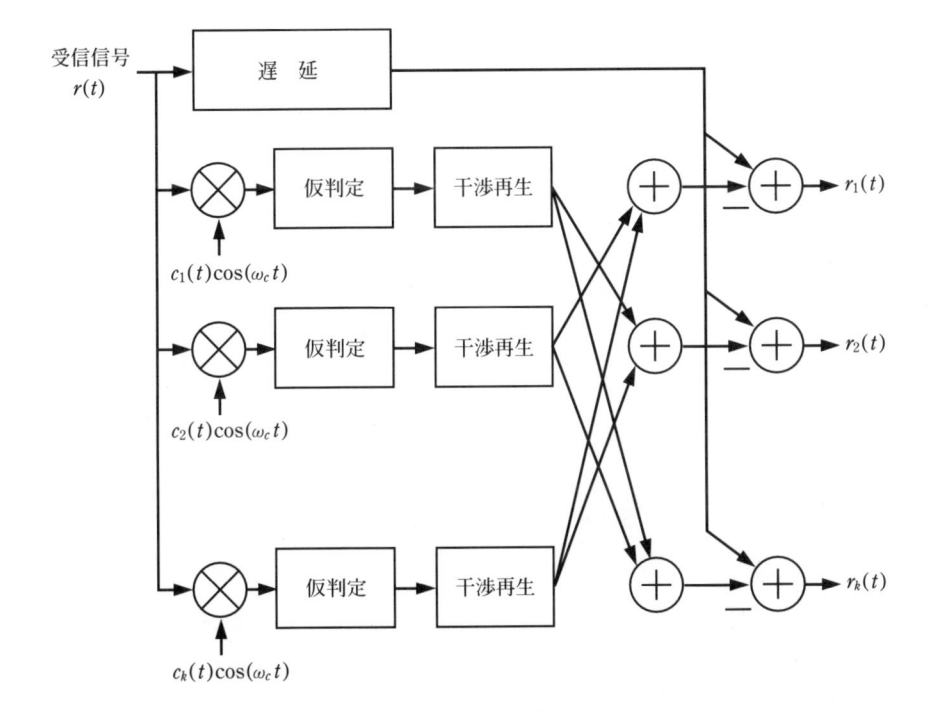

図 3.7 他局間干渉除去回路

3.4.1 時間領域における他局間干渉除去

代表的な方式に干渉再生型の他局間干渉除去方式がある．図 3.7 にその構成を示す．受信された信号は，まず各移動局に割り当てられた拡散符号で逆拡散される．逆拡散された信号は仮判定され，送信された信号が推定される．この仮判定を元に送信信号（＝他局にとっては干渉）が再生される．再生された干渉は受信信号から引き算され，希望信号のみが取り出される．仮判定の精度を改善するために誤り訂正符号を用いる方式も提案されている[13]．

3.4.2 空間領域における他局間干渉除去

空間領域における他局間干渉除去方式の代表として，アダプティブアレーアンテナがある[6]．エレメントアンテナが無指向性でも，重み係数 $\{w_i\}$ を制御する

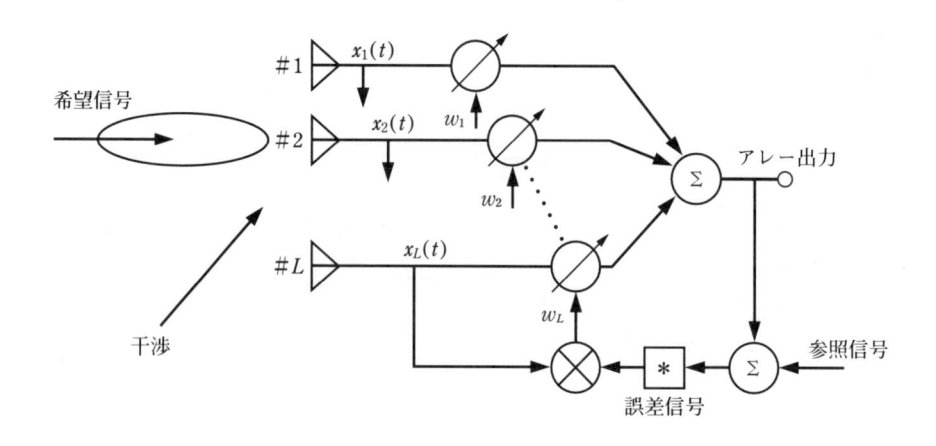

図 3.8　アダプティブアレーアンテナ

ことにより，アレーアンテナとしての指向性を可変にすることができる．適応アルゴリズムにより希望信号に指向性ビームを，干渉信号にヌルを構成するように学習できる．一種の空間フィルタと言える．

3.5　ボイスアクティベーション

　CDMA方式は多元接続している移動局間の相互干渉を抑えれば，同時に通信できる局数を増加することができる．通常音声伝送の場合には，無音区間が存在する．この無音区間に送信電力を抑えることによって相互干渉を抑え，全体の多元接続数を増加させることができる．この方式をボイスアクティベーションといい，情報伝送時間の内音声を伝送している正味の時間の割合を，ボイスアクティベーションファクタという．この値は一般に35〜40%といわれている．したがってこの方式により周波数利用効率を2倍から3倍に増加することができる．

3.6 セクタ化

セクタ化とはアンテナを利用して1つのセルを分割する方法である．CDMAではセクタ化によって干渉が減り容量がセクタ数倍増加する．FDMA・TDMAでもセクタ化は用いられる場合がある．

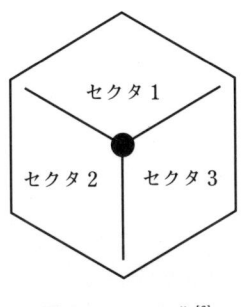

図3.9 セクタ化[6]

4
次世代移動通信システム

　次世代移動通信 IMT-2000（International Mobile Telecommunications-2000）は ITU（International Telecommunication Union）が標準化した第3世代の移動通信システムである[8][20]−[23]．このシステムは第1世代，第2世代の移動通信システムが地域ごとに複数の方式が用いられることになった反省を踏まえ，世界中のどこでも使える世界標準を作るという理念のもとに進められた．標準化作業は 1985 年 ITU-R（International Telecommunication Union Radiocommunication Sector）TG 8/1（Task Group 8/1）において 2000 年の導入を目標に始められた．このシステムの特徴は
　（1）　グローバルサービスの実現（様々な利用形態，地域を超え利用可能）
　（2）　マルチメディア通信サービスの提供（インターネットとの高い親和性）
　（3）　固定網と同等な高品質なサービスの提供
　（4）　高い周波数利用効率の実現（既存システムと同等以上の周波数利用効率）
である．図 4.1 に IMT-2000 のモバイル通信における位置づけを示す．

4 次世代移動通信システム

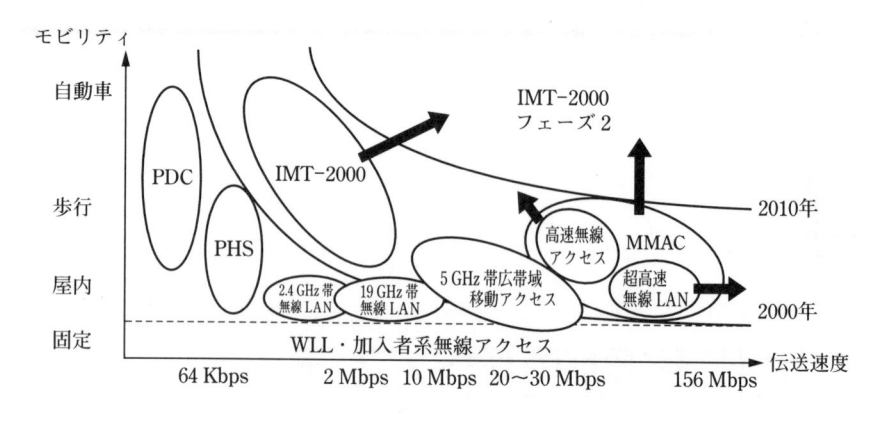

図 4.1 モバイル通信の将来[22]

4.1 IMT-2000 標準

4.1.1 標準化動向

　ITU は 1985 年に標準化作業を始めた．現在 ITU は伝送方式の提案を締切り，1999 年 3 月には基本仕様の決定が行われた（15 方式併記）．日本は ARIB（社団法人電波産業会）の推す W-CDMA，欧州は UTRA（W-CDMA/TD-CDMA）を提案した．北米は基本的に IMT-2000 を統一標準化する意向はなく，市場に任せる方針であった．このため，IS-95，IS-136，W-CDMA など複数システムが競争することになった．韓国も 2 つの CDMA システムを提案した．その後，現在日，米，欧，韓の標準化機関で 3 GPP（3 rd Generation Partnership Project）が調印され，Direct Spread モードと Time Division Duplex モードの検討が行われている．また 3 GPP の設立検討に呼応する形で ANSI（米国）などによって北米方式の検討を目的とした 3 GPP 2 が設立され，Multi Carrier モードの共通技術仕様を作成している．3 GPP は 1999 年 12 月に Release 1999 を発表した．2000 年には Release 2000 が発表され，最終的には複数の CDMA 方式を 3 方式にし，各方式間のパラメタを統合する予定である．図 4.2 に日本における IMT-2000 用周波数帯を示す．

4.1 IMT-2000 標準

表 4.1　IMT-2000 標準化スケジュール[8]

	ITU の標準化動向	日本国内の標準化動向
1985	標準化作業開始	
1992	周波数割り当て決定	
1993/4		RCR（現在の ARIB）内に FPLMTS 研究会設置
1996 初め		CDMA 4 方式 TDMA 2 方式に集約
1996/11		CDMA 方式にほぼ統一
1997/春		ARIB 提案
1998/6	伝送方式提案締め切り	
1999/3	パラメータの決定	
1999/12	3 GPP が Release 1999 を発表	
2000/12	勧告作成？	

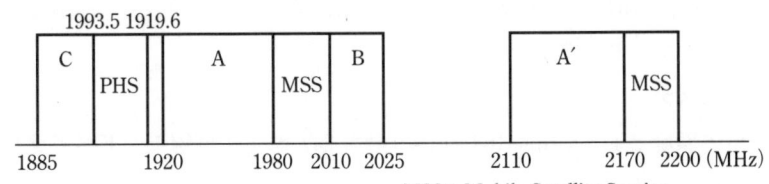

図 4.2　日本における IMT-2000 用周波数帯[19]

① A（1920〜1980 MHz），A'（2110〜2170 MHz）
　A をアップリンク（端末→基地局），A' をダウンリンク（基地局→端末）とする 190 MHz 間隔の FDD（Frequency Division Duplex：周波数分割複信方式）の使用を基本．周波数の有効利用を考慮し，最大 2 Mbit/s 程度を提供するためには，1 システム当り 20 MHz 程度（片側）の周波数帯域を確保することが適当．

② B（2010〜2025 MHz）
　TDD（Time Division Duplex：時分割複信方式）を基本とするが WRC-2000（World Radiocommunication Conference-2000：2000 年に開催予定の ITU 世界無線通信会議）での周波数拡張の可能性も念頭に置きつつ，継続検討．

③ C（1885〜1893.5 MHz，1919.6〜1920 MHz）
　PHS の拡張用周波数として利用を留保．

4.1.2 IMT-2000 の要求条件

IMT-2000 の導入は段階的に順次機能を拡張していくことが適当と考えられている[19]。

－第1ステップ
・高速移動環境
128 kbps（64 kbps×最大2）までの回線モードベアラ及び 144 kbps のパケットモードベアラ
・低速移動環境
384 kbps（64 kbps×最大6）までの回線モードベアラ及び 384 kbps のパケットモードベアラ
・室内環境
384 kbps（64 kbps×最大6）までの回線モードベアラ及び 384 kbps のパケットモードベアラ

－第2ステップ
・室内環境で 1.5 Mbps（64 kbps×最大24）までの回線モードベアラ及び 2 Mbps のパケットモードベアラ

IMT-2000 で想定されるサービスには以下のものがある．

・通話/音声通信サービス
・画像/データ通信サービス
・音声帯域データ/ファクシミリ
・移動通信固有のサービス

4.1.3 IMT-2000 システムの技術的特長

IMT-2000 標準には次の三つの CDMA 方式が含まれると予想される．

① DS-CDMA：シングルキャリア変調，周波数分割複信方式（FDD: Frequency Division Duplex）

② CDMA/TDD：シングルキャリア変調，時分割複信方式（TDD: Time Division Duplex）

③ MC-CDMA：マルチキャリア変調，周波数分割複信方式

これらの方式の技術的特長について説明する．

(1) 周波数分割複信方式（FDD）と時分割複信方式（TDD）

IMT-2000 標準では二つの複信方式が採用された．一つは DS-CDMA と MC-CDMA で用いられる周波数分割複信方式(FDD)，もう一つは CDMA/TDD で用いられる時分割複信方式(TDD)である（図 4.3）．FDD 方式は上り回線と下り回線で異なる周波数帯域を用いるものである．これに対し TDD は同一周波数帯で上り回線と下り回線の信号を時分割に伝送する方式である．TDD においては上り回線と下り回線の通信路の相関が高いことを利用したシステムが考えられている．

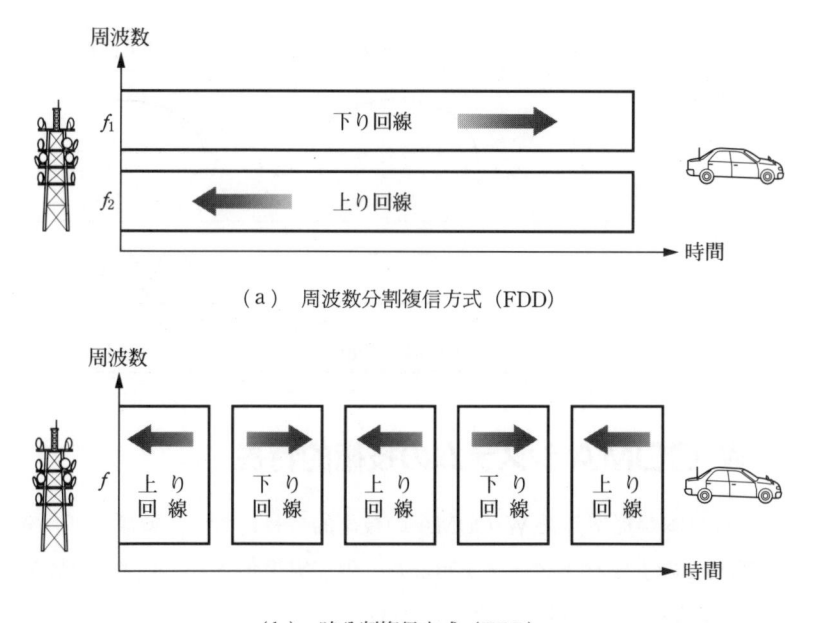

（a） 周波数分割複信方式（FDD）

（b） 時分割複信方式（TDD）

図 4.3　周波数分割複信方式と時分割複信方式

4 次世代移動通信システム

(2) シングルキャリア変調方式とマルチキャリア変調方式

3方式のCDMAのうち2方式は，上り回線・下り回線とも1キャリアを直接広帯域に拡散させ伝送させるシングルキャリア変調方式を用いている．残りの1方式は下り回線において3つのキャリアを使って伝送するマルチキャリア変調方式を用いている．マルチキャリア変調方式は伝送する情報ビット系列を直並列変換し，複数のビットストリームに分割する．分割された情報をそれぞれ別のキャリアを使って伝送する．MC-CDMAでは米国で現在サービスが展開されているIS-95 CDMAシステムとの融合を図るために，1キャリア当たりの拡散帯域幅をIS-95にそろえている．

表 4.2 各標準方式のキャリアあたりのチップレート

	上り回線	下り回線
DS-CDMA CDMA/TDD	3.84 Mchip/s	3.84 Mchip/s
MC-CDMA	3.6864 Mchip	1.2288 Mchip/s

4.2 W-CDMAシステムの技術的特長

ここでは日本が提案したW-CDMAの技術的特長について概説する．表4.3にW-CDMAの主要パラメータを示した．現在実用化されているCDMAセルラーシステムIS-95と比較して特長的な点は

（1） 拡散率可変/マルチコード（直交符号×Gold符号）により，9.6 kbpsから2 Mbpsまでのマルチレートに対応する．

（2） 基地局間の非同期運用が可能である（GPSを必要とせず屋内に適用可）．

4.2 W-CDMAシステムの技術的特徴

（3）パイロットシンボルを用いる．
　－同期検波，RAKE受信に用いられる．
　－SIR（Signal-to-Interference Ratio：信号対干渉比）ベース高速パワーコントロールに用いられる．

（4）オープンループとクローズドループ（SIRベース）を組み合わせたパワーコントロールを適用する．

（5）ターボ符号を用いる．

がある．これらの技術を利用してIS-95の2〜3倍の周波数利用効率を達成するといわれている．現在フィールド実験が行われている．

表4.3 W-CDMAの主要パラメータ

項目	パラメータ
利用周波数	1885〜2025 MHz/2110〜2200 MHz
帯域	1.25/5/10/20 MHz
チップレート	1.024/4.096/8.192/16.384 Mcps
データ通信速度	衛星 9.6 kbps，高速移動 144 kbps，歩行 384 kbps，停止/屋内 2 Mbps
デュープレックス方式	FDD及びTDD
基地局間同期	非同期(同期運用も可)
フレーム長	10 ms
変調方式(下り/上り)	QPSK/BPSK (FDD) QPSK/QPSK (TDD)
拡散変調(下り/上り)	QPSK/QPSK
マルチレート	可変拡散及び/又はマルチコード
誤り制御方式	畳込み($R=1/3$又は$1/2$, $K=9$)，ターボ符号
検波　下り	同期PLシンボル(パイロット時間多重) 共通パイロットの利用可
上り	同期PLシンボル(パイロット時間I/Q多重，TDDモードはPL時間多重)
ダイバーシチ	RAKE＋アンテナ
パワーコントロール	SIRベース高速TPC

4.2.1 拡散率可変/マルチコード

W-CDMAの目標の一つにマルチメディア対応がある．9.6 kbpsから2 Mbps

44 4 次世代移動通信システム

までの幅広い伝送レートに対応するため,二つの方法を用いる.

(1) 拡散率可変:直交符号を 2^n に分割することによって拡散率を変化させ,2^n の伝送レートに対応する.

(2) マルチコード:複数の拡散符号を利用して伝送レートを増加する.ただしこの方法はハードウェアの構成が複雑になる.

図 4.4 は W-CDMA のマルチレートへの対応を示している.(a)に示される

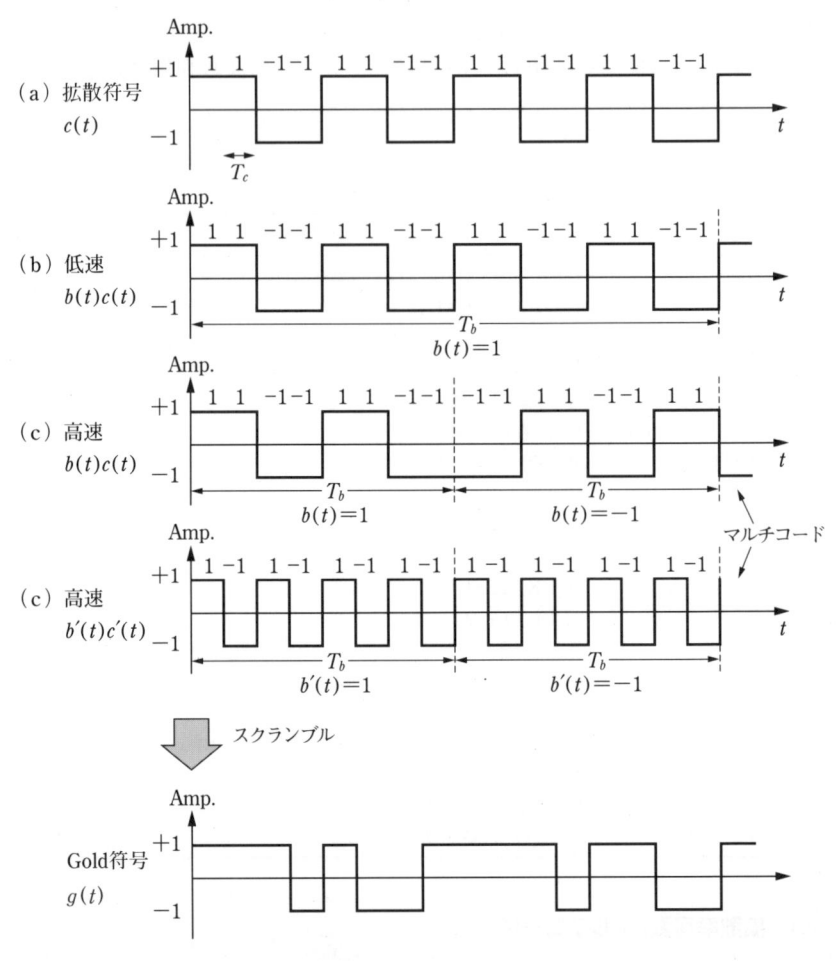

図 4.4 可変拡散率及びマルチコードによる可変レート

直交符号をそのまま拡散符号として利用すると，(b)のように低速の情報を伝送することができる．また(c)のように拡散符号を分割して拡散率を変化させ，より高速の情報を伝送することも可能である．更に情報伝送速度を上げるには(d)のような別の拡散符号を用意し，(c)と多重する．最終的にこれら拡散された信号は，非常に周期の長い Gold 符号の一部分を取り出した符号によってスクランブルされ，伝送される．この長周期符号の位相はシンボルごとに変化する．

4.2.2 基地局間非同期[19]

IS-95 では図 4.5(a)のように各基地局が GPS を利用することにより同期する．すべての基地局は周期の共通の拡散符号を利用し，各基地局で基準時間から異なるタイミングをずらして送信する．移動局はこのタイミングを認識することによって，基地局を識別することができる．

一方，図 4.5(b)のように W-CDMA の基地局間は非同期運用が可能である．つまり GPS 信号を受信する必要がない．これは GPS 信号の届かない地下街等での運用も可能にすることが目的である．基地局の識別は止まり木チャネルを用いて以下のように行う．

(1) 1次サーチコード：システムで唯一のコードである．このコードの同期

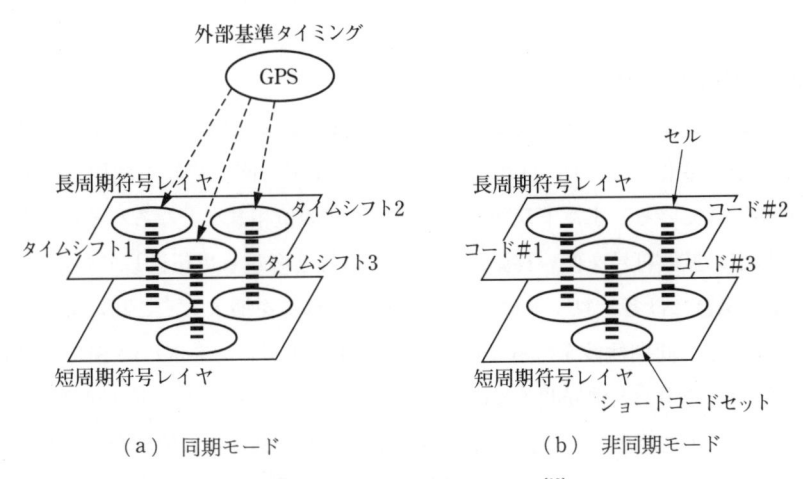

(a) 同期モード　　　　　　(b) 非同期モード

図 4.5　セル間非同期システム[19]

46　4　次世代移動通信システム

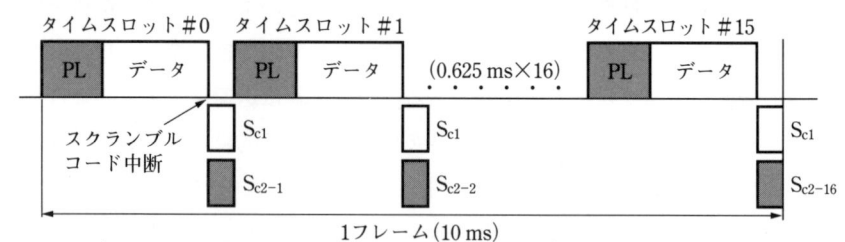

図 4.6　止まり木チャネル[19]

S_{c1}：1次サーチコード
S_{c2}：2次サーチコード
PL：パイロットシンボル

をとることによってシンボル同期およびスロット同期をとる．

(2) 2次サーチコード：複数のコードを順次送信する．送信するコードの順序によりフレーム同期およびセルのスクランブルコードの所属グループを認識．

(3) パイロット及びデータ：シンボルごとに相関をとり，所在セルのスクランブルコードを特定．

以上により，止まり木チャネルで基地局から報知されている各種情報を移動局が読み取ることが可能になる．また非同期運用時でも比較的短時間に同期をとることができる．

4.2.3　パイロット信号

フェージングを受けた通信路に信号を伝送すると，図 4.7 のように信号の位相および振幅が変化する．IS-95 の上り回線では 64 個の直交符号を利用して非同期検波を行っている．また下り回線では同期検波の位相基準となるパイロット信号を，特定の拡散符号を使い移動局への情報信号と多重して伝送している．W-CDMA の場合には各スロットにパイロットシンボルを挿入し，これによって基準位相を求めて同期検波を行っている．またパイロットシンボルの SIR を測定し，希望信号の電力と他局間干渉の干渉量を測定することにより下り回線のパワーコントロールを行っている．図 4.8 にパイロットシンボルの位置を示したフレーム構成を示す．

4.2 W-CDMA システムの技術的特徴   **47**

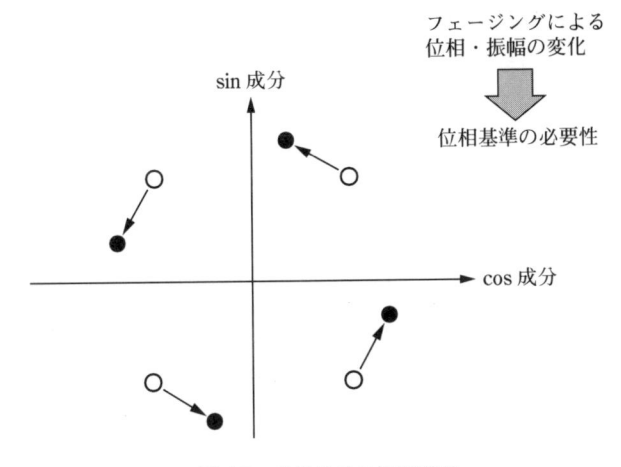

図 4.7 受信信号の位相平面

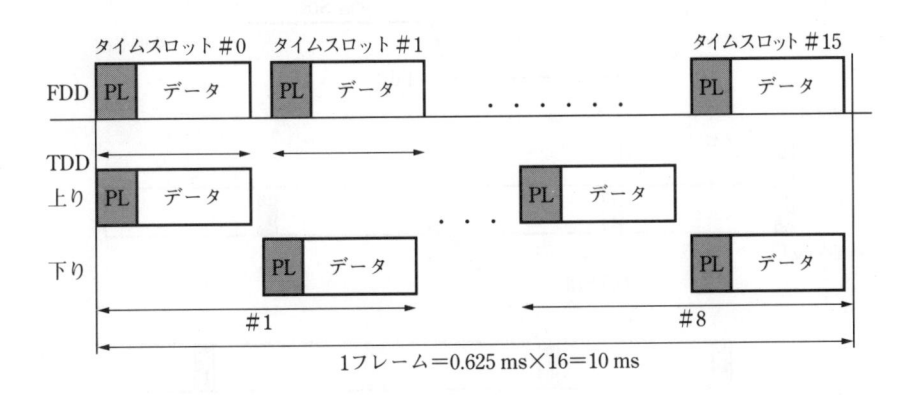

図 4.8 フレーム構成

4.2.4 パワーコントロール

　第 3 章で述べたようにパワーコントロールは CDMA システムの容量に大きな影響を及ぼす．特に上り回線では遠近問題があるためパワーコントロールが重要になる．

　上り回線のパワーコントロールはまずオープンループによって行われる．止ま

り木チャネルの受信電力を測定し，同チャネル上で報知されている基地局送信電力と比較して，伝播損を推定する．さらに止まり木チャネルで報知されている基地局での干渉波受信電力を用いて目標とする SIR 比を達成するようにコントロールされる．これによりゆっくりとした伝播損の変化の影響を緩和する．さらに高精度な制御を行うため，クローズドループのパワーコントロールも行う．図 4.9 のように基地局でパイロット信号の受信 SIR を測定し，この結果に基づいて TPC（Transmission Power Control）ビットを伝送する．移動局ではこの TPC ビットと先のオープンループでの結果から送信電力を決定する．

下り回線においてはパイロットシンボルの受信 SIR の測定結果に基づくクローズドループパワーコントロールを行う．

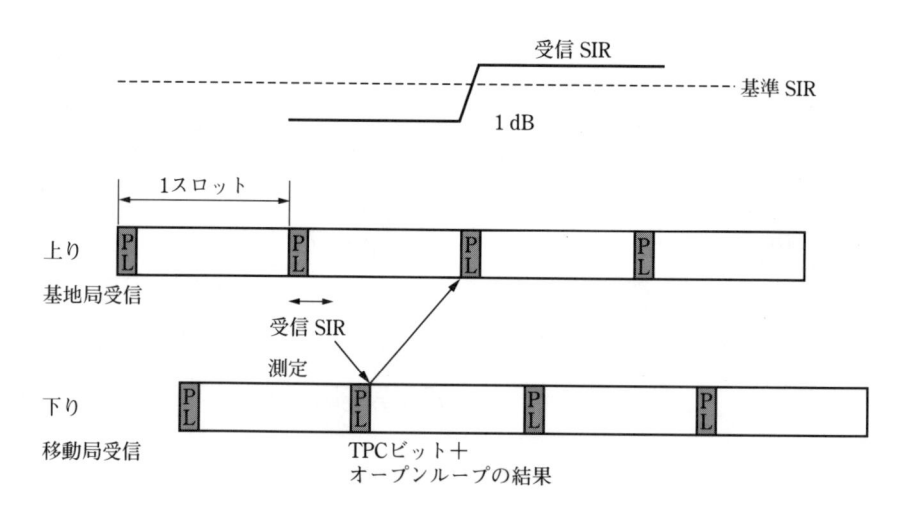

図 4.9　SIR ベース高速 TPC

4.2.5　誤り訂正符号

W-CDMA では 2 種類の誤り訂正符号を用いる．
（1）　伝送速度 32 kbps 以下，誤り率 10^{-3} を目標とする場合には畳込み符号
（2）　伝送速度 32 kbps 以上，誤り率 10^{-6} を目標する場合にはターボ符号

を用いる．また複数の異なるサービス品質を同一チャネル上で効率よく提供する機能も備えている．

4.3　IMT-2000フェーズ2

2010年ごろより第4世代方式，いわゆるIMT-2000フェーズ2が実用化される．現在第4世代に向けての技術的検討が行われているが，注目すべき要素技術として以下のものが挙げられる．

（1）　OFDM（Orthogonal Frequency Division Multiplexing）
（2）　アダプティブアレーアンテナ
（3）　干渉除去装置

今後MMAC（Multimedia Mobile Access Communication Systems）との関係を含めて盛んに議論されるであろう．

5

通信システムシミュレーション環境

　通信システムは変復調技術，誤り訂正技術，ネットワーク技術等，様々な技術の集合体である．また同期をとったり，符号化復号等，多様な処理が要求される非常に複雑なシステムである．より良い通信システムを開発するためには，それを構成する要素技術を理解する必要があると思われるが，これらをすべて理論的に解明・理解するのは極めて困難であり，シミュレーションが有効な手段となる．またシミュレーションにより，理論の理解を助けることもよくある．

　近年注目を集めている通信システムとしてCDMAがあり，DS/CDMAはすでに運用されている．CDMAが他の多元接続と異なる際立った特徴として「符号」が挙げられ，これを理解することは重要と思われる．またCDMAではFDMAやTDMAのように，「これ以上回線数を増やせない」という明確な限界がなく，ある限界を超えると誤りは増えるものの緩やかに劣化していくという特徴がある．この場合，誤り訂正符号（ECC：Error-Correcting Codes）が重要な役割を果たす．このようにCDMAでは，DS/CDMAの拡散符号，FH/SSの周波数ホッピング系列を含め，「符号」が重要な役割を果たす．しかし，この符号の理解にはガロア体を中心とした代数理論を必要し，一般になじみが少なく，これが理解の妨げになる場合があるようだ．

　後半（第5章～第7章）では，CDMAを理解するポイントとなる符号に注目

し，汎用数値計算/シミュレーションツールの「MATLAB」を用いてCDMAとの関わりを解説し，またシミュレーションによって理解を助けるようにする．

CDMAのような複雑なシステムを解析・シミュレーションするためには，その目的に応じて様々な環境を選べる方が望ましい．MATLABは図5.1に示すように，様々な解析・シミュレーション環境を提供する．以下にそれぞれの環境について説明する．

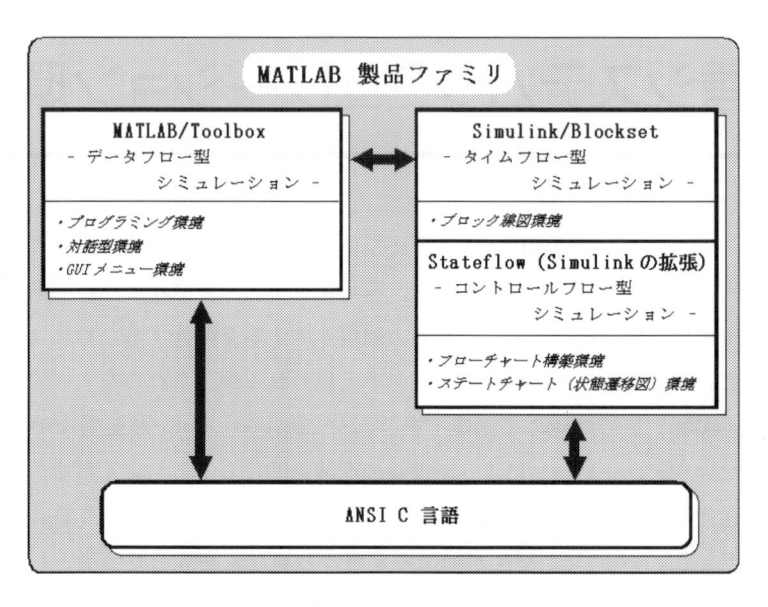

図 5.1　MATLAB製品ファミリの開発環境

5.1 MATLAB/Toolbox 環境

MATLABは，MATLAB製品ファミリの中核をなすモジュールで，すべてのツールを利用するうえで必須となる．これは通信システムをはじめ，あらゆる数値解析で必要となる，高速・高精度の強力な数値計算関数をはじめ，画像・音声データ等のファイルの入出力関数，条件分岐やループ計算等のプログラム制御関数，2D, 3Dカラーグラフィック関数など，汎用的な解析機能の基本環境を

提供する．この汎用的な関数とプログラミング機能を用いて作成した，通信システム等の専門分野別の関数プログラム群が「Toolbox」と呼ばれるオプションである．これらは，さらに以下の3つの解析環境を提供する．

5.1.1 プログラム環境

強力な関数を用いることにより，極めて効率良く，短時間でプログラムを開発し，シミュレーションを実行することができる．またベクトル・行列演算を直接行うことができるため，直交符号や誤り訂正符号等の演算に適する．

MATLABでは複素数とその演算を直接定義・演算（例えば2次元複素FFT）できるので，通信システムのベースバンド解析のように複素演算を基本とする解析には非常に好都合である．プログラムの一例として，FIRフィルタの最も基本的な設計法である窓関数法を用いてローパスフィルタを設計し，その周波数応答を計算しプロットするプログラムを "filfirdg.m" に示す．これを実行すると図5.2のような周波数応答が得られる．

5.1.2 対話型環境

コマンドウィンドウに直接，関数・コマンドを入力し結果を得ることができる．高機能な関数が多数用意されているので，通常のプログラム言語（C言語，Fortran言語等）であればプログラムが必要なことも関数一つで実行できるので，確認程度の計算に便利である．また計算した結果はメモリに保存され，いつでも呼び出すことができる．

filfirdg.m

```
% 窓関数法による FIR ローパスフィルタの設計

wc = 0.5;      % カットオフ周波数（ナイキスト周波数を1とする）
order = 20;    % FIR フィルタの次数

% インパルス応答の係数計算（フィルタの設計）
b = fir1(order, wc);

% 周波数応答の計算&プロット
freqz(b,1,1024)
```

54　5　通信システムシミュレーション環境

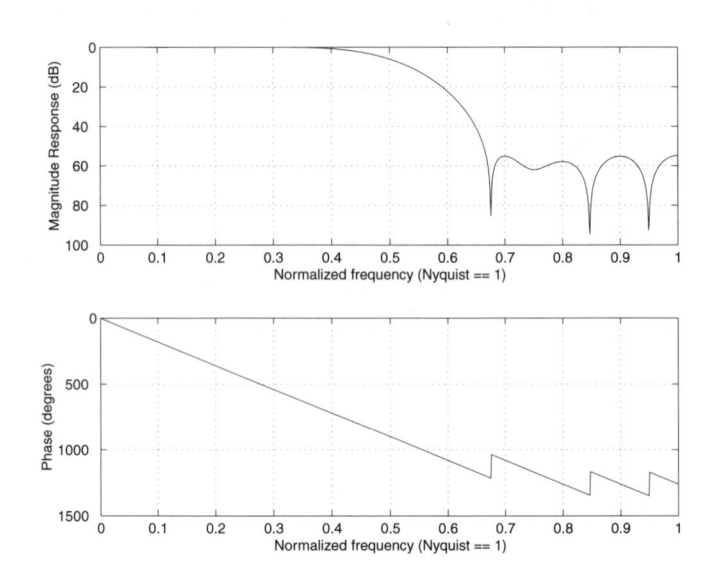

図 5.2　FIR ローパスフィルタの周波数応答

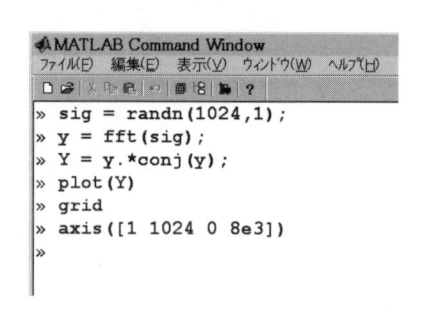

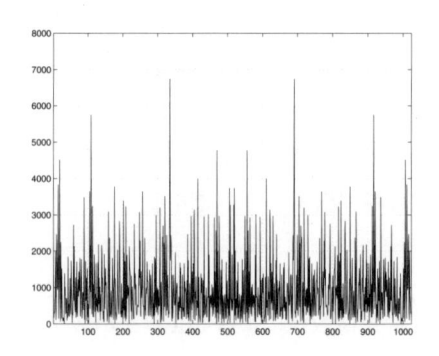

```
» sig = randn(1024,1);
» y = fft(sig);
» Y = y.*conj(y);
» plot(Y)
» grid
» axis([1 1024 0 8e3])
»
```

（a）　コマンドウィンドウへの入力　　　　　（b）　プロット結果

図 5.3　ランダムデータのパワースペクトル（上：入力，下：結果）

　一例として正規分布する，平均値 0，分散 1 のランダムデータを発生させ，そのパワースペクトルを計算しプロットする．MATLAB のプロンプト (») に対し，図 5.3(a) のように直接タイプイン入力することにより実行できる．

5.1.3 GUIメニュー環境

汎用的な解析項目に対しては，GUIによるメニュー環境を多数用意してあり，マウス操作で解析できる．一例として，パワースペクトルの推定や，フィルタ設計を行う信号処理 GUI を図 5.4, 5.5 に示す．図 5.4 では，周波数分解能が高いパワースペクトル推定法として，近年移動体通信等で注目を集めている MUSIC 法を用いた例であり，図 5.5 では，FIR フィルタの標準的設計法である，Remez 法によりバンドパスフィルタを設計した例である．

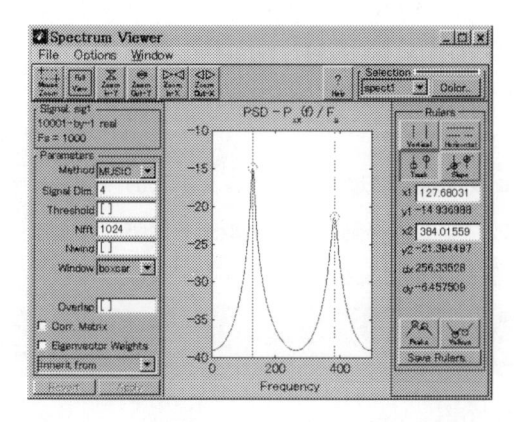

図 5.4 MUSIC 法によるパワースペクトルの推定

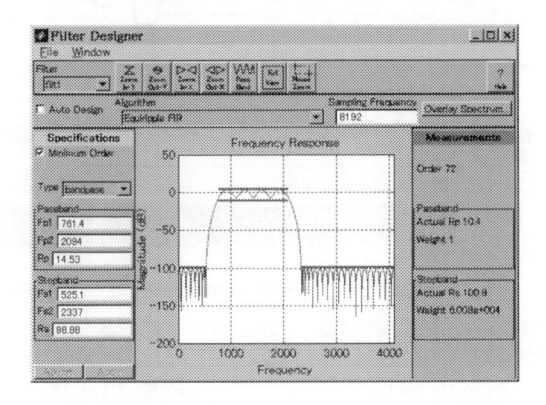

図 5.5 Remez 法によるバンドパスフィルタの設計

5.2 Simulink/Blockset 環境

先の MATLAB/Toolbox 環境がプログラミングを主とするステートメント型の環境であるのに対して，Simulink は様々な関数ブロックを用いてマウス操作を主としてモデルを構築しシミュレーションする，ブロック線図型のシミュレーション環境である．Simulink は連続系，離散系，連続－離散混在系，マルチレート等，様々なシステムをモデル化でき，またデータタイプとして，スカラをはじめ，ベクトル，行列，実数，複素数等を扱うことができる．

Blockset と呼ばれるモジュールは，Simulink 環境に，ディジタル信号処理システムや通信システムなど，専門分野に対応する関数ブロックを追加するオプションである．

Simulink のブロック線図環境を用いたシステムの一例として，遅延器と乗算器および加算器により，5点移動平均フィルタを構築し，スイープサイン波形を入力した場合の応答結果を図 5.6 に示す．

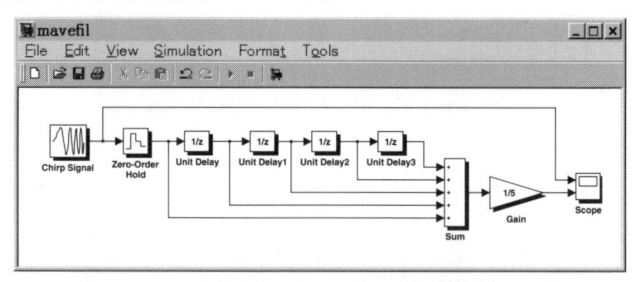

（a） Simulink によるブロック線図モデル

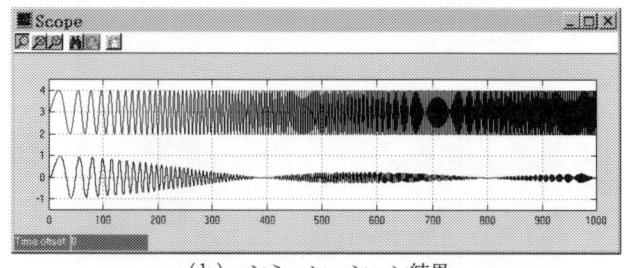

（b） シミュレーション結果

図 5.6　5点移動平均フィルタのブロック線図

5.3 プログラム&ブロック線図協調環境

　MATLABでは，プログラム環境とブロック線図環境でデータベースを共有化し，互いの環境を有機的に結びつけた連携シミュレーションができる．様々な応用が考えられるが，代表的なものを以下に紹介する．

5.3.1 プログラムを Simulink のブロックに取り込む

　通信システムのような様々な動作が伴う複雑なシステムでは，すべてをブロック線図で構成することが必ずしも適さない場合がある．例えば，CDMA受信動作における，同期捕捉（aquisition），同期追跡（tracking）など，システムにいくつもの動作モードがあり，これを切り換えるロジックを構成する場合，[if〜，then] 文や [switch〜，case] 文などの条件分岐を用いてプログラムで実現した方が適切な場合がある．また，既存のC言語プログラムを取り込みたい場合もある．このような場合，Simulinkではユーザ定義ブロックを用いてプログラムを取り込むことができる．対応している言語としては，MATLAB言語（M-file），C言語，Fortran言語である．図5.7にその概念図を示す．

5.3.2 プログラムの中から Simulink のシミュレーションを実行する

　Simulinkでシミュレーションを実行するには，2つの方法がある．一つは

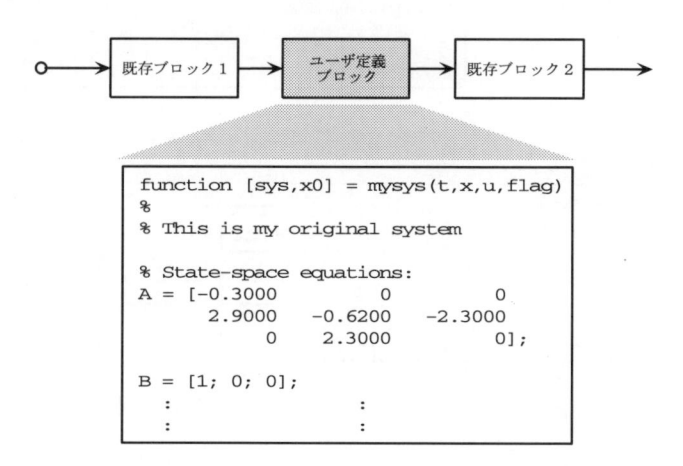

```
function [sys,x0] = mysys(t,x,u,flag)
%
% This is my original system

% State-space equations:
A = [-0.3000         0         0
      2.9000   -0.6200   -2.3000
           0    2.3000         0];

B = [1; 0; 0];
    :          :         :
    :          :         :
```

図5.7　ユーザ定義ブロックを用いたプログラムの取り込み

5 通信システムシミュレーション環境

「メニューからの実行（マウスボタン操作）」で，もう一つは「コマンドでの実行」である．このコマンドでの実行機能を用いることにより，プログラムの中から Simulink モデルを自動的に繰り返しシミュレーションを行うことができる．

例えば通信システムの解析では，ノイズの量やその他のパラメータを変えて，それに対するエラーレートを計算するなどの場合が考えられる．図 5.8 にその概念を示す．MATLAB のプログラム機能の，繰り返し計算制御「for〜, end」ループを用いて，E_b/N_0 の値を変えながらビットエラーレートのシミュレーションを自動的に実行することができる．MATLAB には優れたデータ解析機能もあるので，これを利用して少ないデータ点数からカーブフィットにより高精度な結果を推定することもできる．これにより大幅に解析時間を短縮できる．図 5.9

```
         :     :
         :     :
for n = 1:length(EbNoVec);
  Tmax = TVec(n);
  EsNodB = EsNoVec(n);
  sim('gcodepsk',[0 Tmax],simopt)
  SERVec(1,n) = ser(1,1);
  BERVec(1,n) = ber(1,1);
end
         :     :
         :     :
```

Simulink モデルの呼び出し

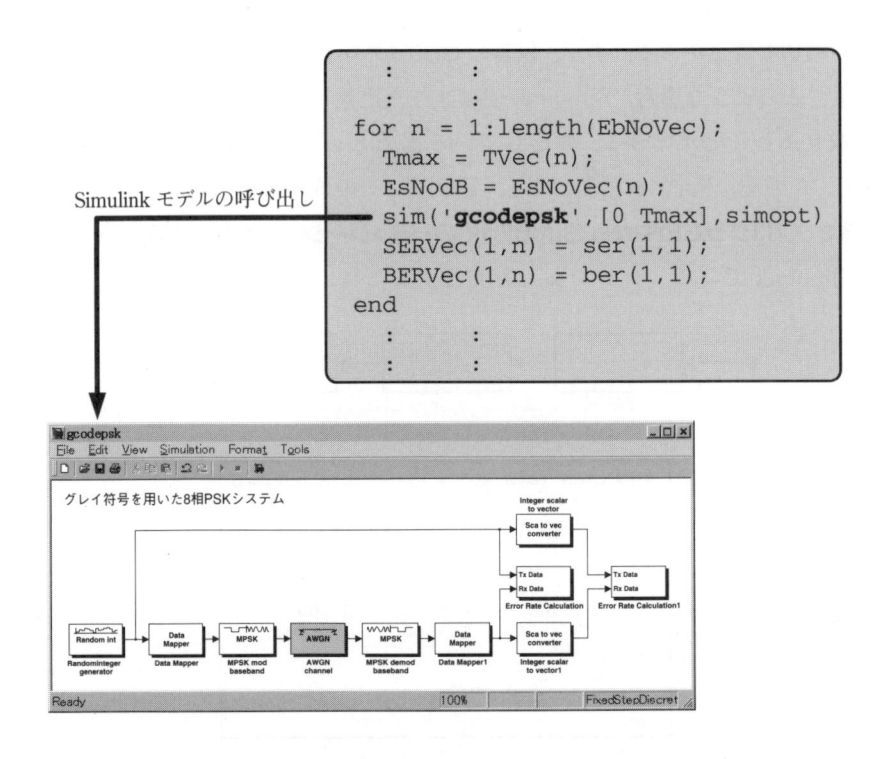

図 5.8 プログラムからの繰り返しシミュレーション

に，グレイ符号を用いた8相PSKシステムの E_b/N_0 とビットエラーレートの関係をシミュレーションにより求めた結果を示す．

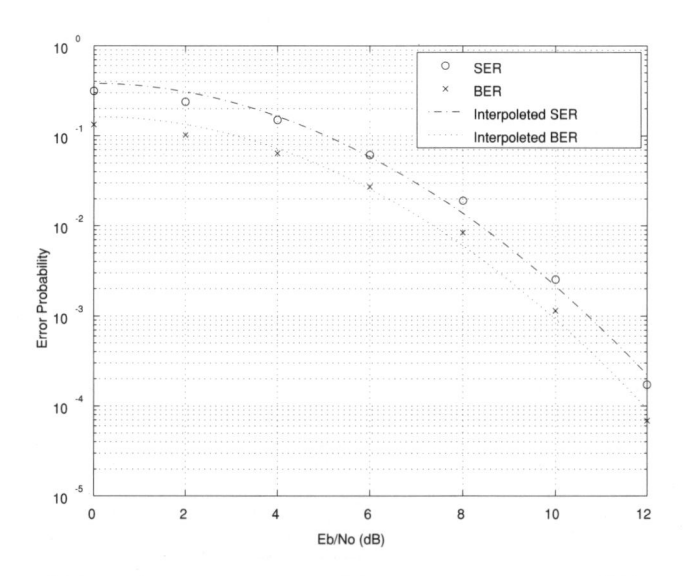

図 5.9 8相PSKシステムの E_b/N_0 とビットエラーレートの関係

5.4 Stateflow 環境

　Stateflow は Simulink 環境下で動作し，Simulink のタイムフローシミュレーション機能に，時間非同期のイベントドリブンによるコントロールフローシミュレーション機能を追加する拡張モジュールである．先にも述べたように，例えばCDMA システムでは，同期捕捉（aquisition）や同期追跡（tracking）のように，一つのシステムにいくつもの動作モードを持ち，適切な順序で動作させる必要があるが，このようなシーケンスをグラフィカルに，より明確に記述することができる．これを実現するため，Stateflow では従来からの状態遷移図の概念を拡張した，ステートチャート[注1][22] と呼ばれる，新しい FSM（Finite State Machine：有限状態機械）の記述法に基づいて記述する．

(注1)David HAREL が唱え，状態の階層や並列性，状態の履歴等の新しい概念を定義している．

Stateflowではまた，フローチャートを記述することもできる．ステート(State)チャートとフロー(Flow)チャートの両機能を併せ持つことで，この「Stateflow」が名付けられているが，この機能により，プログラミングに非常に労力を要するような複雑なシーケンスも簡潔に記述でき，変更もまた容易となる．

Stateflowで記述したステートチャートおよびフローチャートは，単に仕様書として機能するだけでなく，実際にシミュレーションして確認できる実行可能な仕様書となる．またシミュレーションのみならず，オプションモジュールの「Stateflow Coder」を用いることにより，Cコードを生成することができる．以下に例を示す．

5.4.1 フローチャートの例

円周率 π を計算するアルゴリズムのフローチャートを図5.10に示す．これを

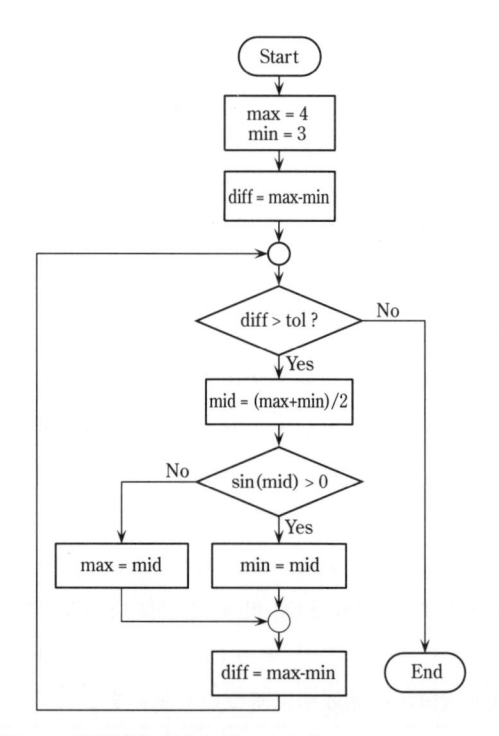

図5.10 円周率を求めるアルゴリズムのフローチャート

Stateflow で記述したものが図 5.11 である．これを実行すると，図 5.12 のように，収束計算をしながら徐々に正しい円周率の値に近づいていく．

5.4.2 ステートチャートの例

図 5.13 にトリガーイベントで駆動される，3 進数 3 桁のカウンタを示す．カウンタには，$[3^0, 3^1, 3^2]$ の桁重みを持つ 3 つの状態があり，同時にアクティブになることが可能なパラレルステートで表現している．

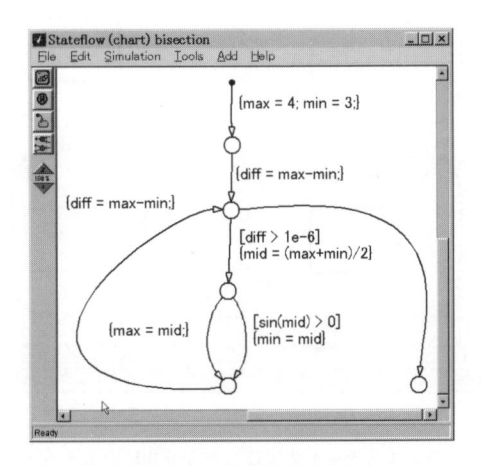

図 5.11　Stateflow で記述した実行可能フローチャート

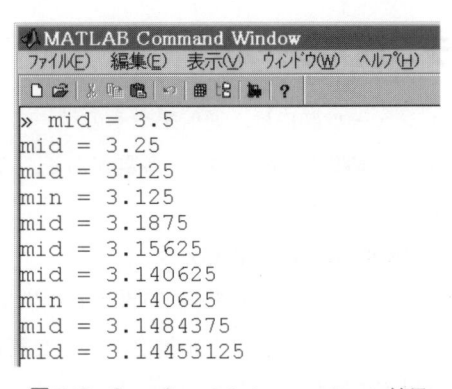

図 5.12　Stateflow のシミュレーション結果

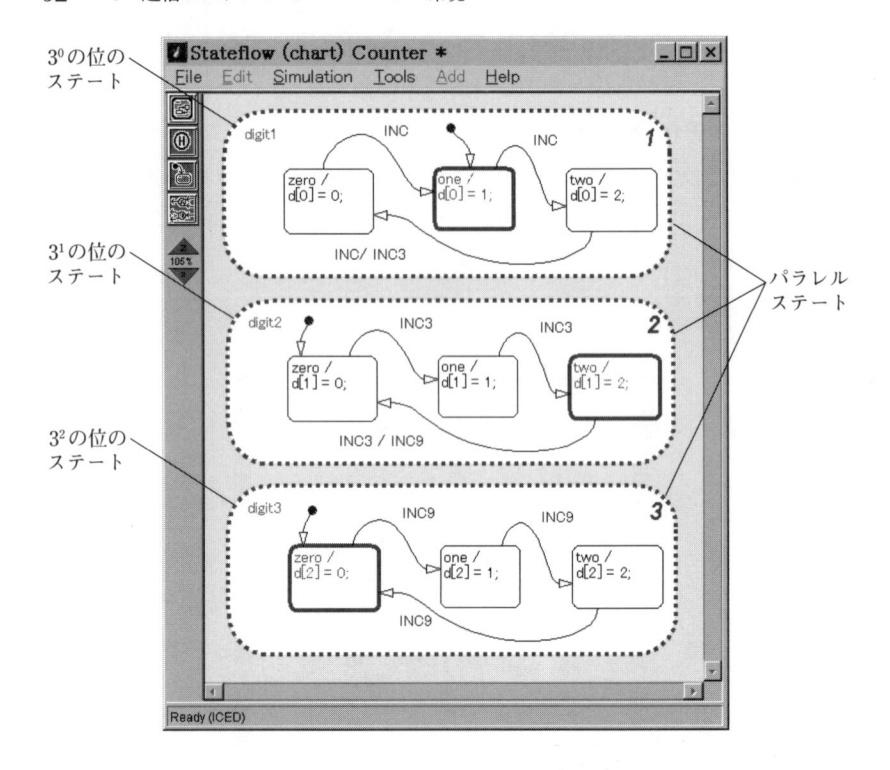

図5.13 パラレルステートで表現した3進3桁のステートチャート

3^0の位の
ステート

3^1の位の
ステート

3^2の位の
ステート

パラレル
ステート

5.5 通信システム開発ツール

MATLABとそのモジュール群には，通信系やそのベースとなる，アナログ/ディジタル信号処理理論を実践する数々のツール群がある．ここでは，その代表的なツールと機能の概略を紹介する．

5.5.1 Signal Processing Toolbox

汎用的なアナログ・ディジタル信号処理を行う関数を提供する．また，信号管理ツール，フィルタ設計ツール，スペクトル推定ツールを統合したGUI環境も提供する．主な機能は以下の通りである．

- ●波形の生成と表示
- ●線形変換（バイクワッド構造，ラティス構造）
- ● IIR フィルタ設計関数
- ● FIR フィルタ設計関数
- ●変換（DCT，チャープ Z 変換，ヒルベルト変換等）
- ●窓関数（Hamming/kaiser 等 8 種類）
- ●統計的な信号処理
- ●特殊演算（実数/複素数ケプストラム，スペクトグラム等）
- ●パラメトリックモデリング
- ●フィルタの離散化（双一次変換，インパルス応答不変法）

5.5.2 DSP Blockset

ディジタル信号処理システムを Simulink（ブロック線図）環境でモデル化するための，図 5.14 に示すブロックライブラリを提供する．これにより，周波数解析，マルチレート処理，各種フィルタの設計・実現，適応フィルタ等を容易に行うことができる．主な機能は以下の通りである．

- ●信号の生成
- ●信号の表示
- ●信号操作
- ●変換
- ●バッファ/アンバッファ
- ●スイッチ&カウンター
- ●基本数学関数
- ●ベクトル演算
- ●行列演算
- ●複素数演算
- ●統計的解析
- ●フィルタ実現
- ●適応フィルタ

●マルチレートフィルタ，フィルタバンク
●各種スペクトル解析

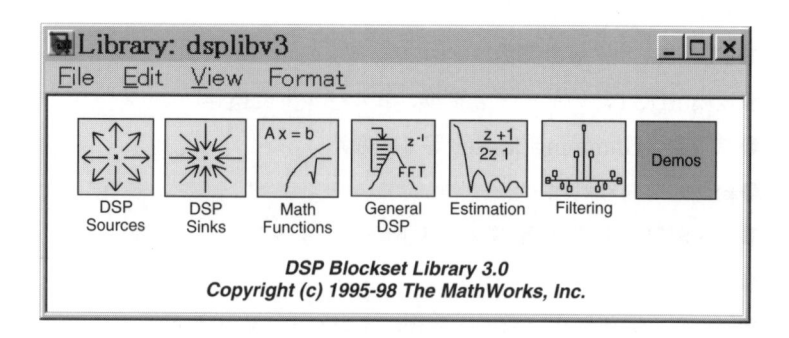

図 5.14 ディジタル信号処理用ブロックライブラリ，DSP Blockset

5.5.3 Communications Toolbox/Blockset

アナログ・ディジタル通信における，システムレベルでの解析／設計／シミュレーションを支援するための関数と（Communications Toolbox），図 5.15 に示す Simulink 用ブロックライブラリを提供する（Communications Blockset）．主な機能は以下の通りである．

●各種信号の生成
●情報源符号化/復号
●通信路符号化/復号
●変調/復調
●送信および受信フィルタ（Communications Toolbox のみ）
●多元接続
●通信路モデル
●同期（各種 PLL）
●アイパターン/スキャタプロット

- ガロア体演算関数（Communications Toolbox のみ）
- 多元接続

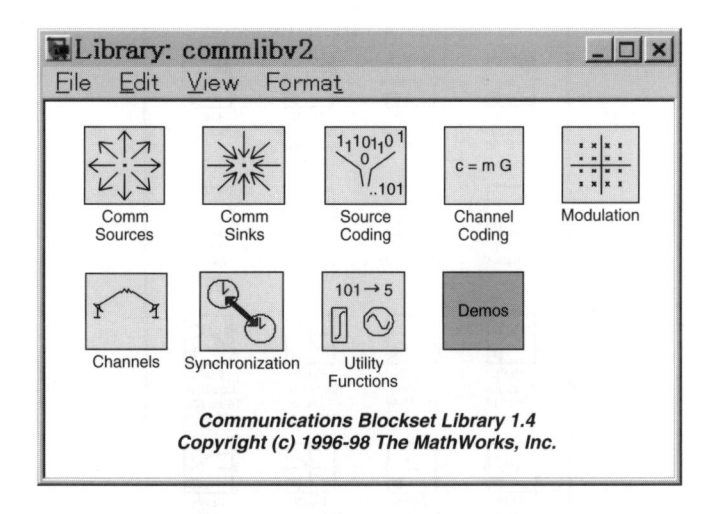

図 5.15 通信用ブロックライブラリ，Communications Blockset

5.5.4 Fixed Point Blockset

　産業界で実際に使用されることが多い，固定小数点でシステムを演算した場合の量子化誤差の影響，リミットサイクルや発振等をあらかじめシミュレーション上で検討・確認するための，図5.16に示すSimulink用ブロックライブラリを提供する．データタイプとして1～128ビット対応の固定小数点，単精度，整数，仮数など，様々なデータタイプに対応．また自動スケーリング機能も備える．

5.5.5 その他のツール群

　その他，ウェーブレット解析，画像処理，高次スペクトル解析等，様々なツールが目的に応じて選択可能である．

66 5 通信システムシミュレーション環境

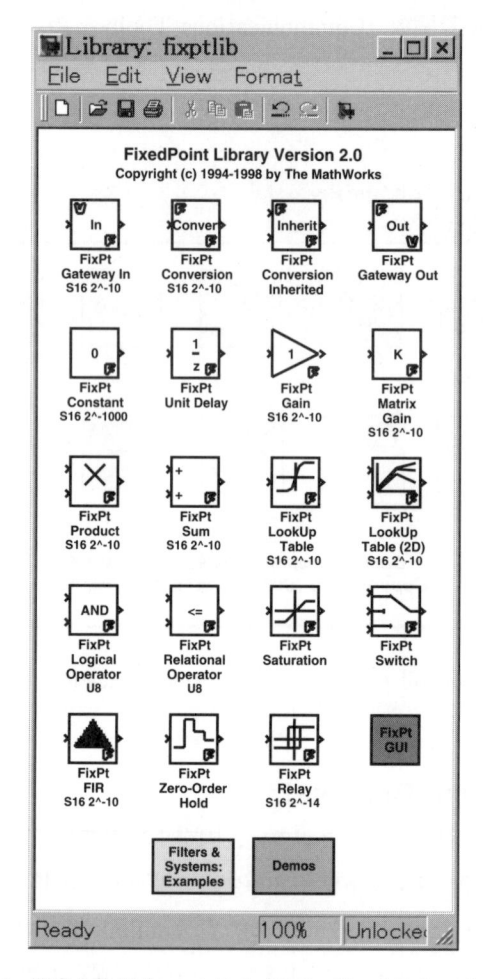

図 5.16 固定小数点ブロックライブラリ，Fixed Point Blockset

6

MATLAB による符号の取り扱い

　この章では，前章で紹介した「MATLAB」を用いて，CDMA で重要な役割を果たす，符号理論を実践する．MATLAB で符号理論を実践するためには，先に紹介した拡張モジュールである，Communications Toolbox を用いると便利である．このツールでは，符号理論の取り扱いに対し以下の 2 つの方法を提供する．
　（1）　ガロア体演算関数の利用
　（2）　各種誤り訂正符号関数の利用
　（1）はプログラム環境のみで利用可能で，符号理論の数学的基礎理論を与え，符号の構造を理解したり，新たな符号を研究・開発するのに有効である．
　（2）はプログラム/ブロック線図両環境で利用可能で，現在開発されている多くの符号を簡便に利用するのに適する．
　また上記関数と，MATLAB の持つ行列操作・演算関数を組み合わせることにより，より応用的・実際的な誤り訂正符号として，積符号や連接符号を作成したり，インターリーブを適用することもできる．表 6.1, 6.2 にこれらの関数の一覧を示す．

6.1 代数的準備

CDMA システムで重要な役割を果たす,拡散符号にしても誤り訂正符号にしても,数学的には共通点が多い。ここで重要な理論は「ガロア体理論」である.ガロア体の理論は「群・環・体」などの代数理論に基づく,極めて数学色の強い専門分野である.これらに関しては,現在までに国内外の多数の良書・名著が存在するので,詳細な記述は巻末の参考文献[7],[13],[14]等の参考書を参照されたし。また,より基礎的な内容については,故高木貞治先生の名著,「代数学講義」,「初等整数論講義」等を参考にされるとよいだろう。

ここでCDMA システムを理解するうえで重要な数学的概念を整理し,必要に応じて MATLAB で確認する.

表 6.1　ガロア体演算関数

関数	説明
flxor	ビットごとの XOR
gfadd	多項式の係数ごとの加算
gfsub	多項式の係数ごとの減算
gfdiv	多項式の係数ごとの除算
gfmul	多項式の係数ごとの乗算
gfconv	多公式の乗算
gfcosets	乗余類の計算
gfdeconv	多項式の除算
gffilter	フィルタリング
gflineq	連立方程式 Ax=b の計算
gfminpol	最小多項式の検索
gfplus	べき表現された根の加算
gfpretty	多項式の表示
gfprimck	多項式の原始性の検証
gfprimdf	デフォルト原始多項式の出力
gfprimfd	原始多項式の検索
gfrank	ランクの計算
gfrepcov	元の表現変換
gfroots	多項式の根の計算
gftrunc	多項式の係数の打ち切り
gftuple	元の tuple 表現
isprime	素数の検証
primes	素数の生成

表 6.2　各種誤り訂正符号関数/ブロック

/線形符号/
線形ブロック符号化ベクトル I/O
線形ブロック復号ベクトル I/O
線形ブロック符号化シーケンシャル I/O
線形ブロック復号シーケンシャル I/O
/ハミング符号/
ハミング符号化ベクトル I/O
ハミング復号ベクトル I/O
ハミング符号化シーケンシャル I/O
ハミング復号シーケンシャル I/O
/巡回符号/
巡回符号化ベクトル I/O
巡回復号ベクトル I/O
巡回符号化シーケンシャル I/O
巡回復号シーケンシャル I/O
/BCH 符号/
BCH 符号テーブル
BCH 符号化ベクトル I/O
BCH 復号ベクトル I/O
BCH 符号化シーケンシャル I/O
BCH 復号シーケンシャル I/O
/R-S (Reed-Solomon) 符号/
R-S 符号化多値ベクトル I/O
R-S 復号多値ベクトル I/O
R-S 符号化 2 値ベクトル I/O
R-S 復号 2 値ベクトル I/O
R-S 符号化多値シーケンシャル I/O
R-S 復号多値シーケンシャル I/O
R-S 符号化 2 値シーケンシャル I/O
R-S 復号 2 値シーケンシャル I/O
/畳み込み符号/
畳み込み符号化ベクトル I/O
畳み込み復号ベクトル I/O
畳み込み符号化シーケンシャル I/O
畳み込み復号シーケンシャル I/O

6.1.1 体とは？

「体」を定義するためには，はじめに「群」を定義し，次に「環」を定義してから定義付けするのが常道であるが，実用上は以下のように考えれば問題ない．

今，集合 A に対し，これに属する任意の 2 つの元 x，y を考える．この元に対し，式 6.1 の二項演算を考える．

$$x \circ y = z \tag{6.1}$$

ここで二項演算子 $\circ$ は，加算＋や乗算・を一般的に表したものであるが，具体的には通常の四則演算を考えればよい．このとき演算結果 z が集合 A に必ず属するとき，この集合 A を「体」と呼ぶ．これは何を言っているのかというと，「通常の四則演算が何も問題なく実行できる」ことである．例えば「整数」の集合を考えると，$2 \div 5$ の答えは整数からは見いだすことができないことがすぐわかる．これを「数の世界」を「実数」まで拡張すればすぐに答えが見つかる．「群・環・体」と言っているのは，このような数の集合の概念であると考えてよい．具体的には通常私たちが使う「数」では，「有理数」，「実数」，「複素数」が体をなす．

6.1.2 ガロア体とは？

先に挙げた「有理数・実数・複素数」には無限の数が存在する．これに対し，ある演算規則を設けることによって，有限の数の集合でも体をなすことができる．

いま，p 個の整数の有限集合 $\{0, 1, 2, \cdots, p-1\}$ を考える．この時 p を素数とすると，この有限集合は p を法とする演算 $(\bmod p)$ に関して体をなしこれをガロア体と呼び，$GF(p)$ と表す．つまり加算と乗算を通常の整数として行ってから p で割って余りをとる．また減算に関しては以下の規則をとる．

$$b - a = b + (-a) \tag{6.2}$$

とする．ここで $-a$ は，

$$(-a) + a \equiv 0 \bmod p \tag{6.3}$$

を満たす元であり，

$$-a \begin{cases} 0 & : a=0 \\ p-a & : a \neq 0 \end{cases} \tag{6.4}$$

により求めることとする．さらに非零の元 a による除算 b/a は，以下の式 6.5 を満たす a^{-1} を乗ずることで行う．

$$a^{-1}a \equiv 1 \bmod p \tag{6.5}$$

これらは一般的に書いているが，通常私たちがよく用いる $GF(2)$ では，$\bmod 2$ 演算，あるいは，XOR 演算を実行すると考えればよい．

6.1.3 既約多項式とは？

ある体 F 上の元 a_i を係数とする式 6.6 の多項式を考える．

$$G(x) = a_0 x^m + a_1 x^{m-1} + \cdots + a_{m-1} x + a_m \tag{6.6}$$

この多項式が因数分解できない場合，言い換えれば根を持たない場合，体 F において既約であるといい，$G(x)$ を既約多項式という．

符号理論においてはこの体 F は，通常先に述べたガロア体を考える．また既約多項式の役割は，符号を解読するいわばキーの役割を果たし，巡回符号に使用されたりする．

例えば多項式，$G(x) = 1 + x^3$ は，

$$G(x) = 1 + x^3 = (1+x)(1+x+x^2) \tag{6.7}$$

と因数分解できるので，既約ではない．それに対し多項式 $G(x) = 1 + x + x^3$ は因数分解できないので既約である．これを MATLAB で確認すると，"gftest1.m" のようになる．

6.1.4 原始多項式とは？

既約多項式の中で，ある特別な条件を満たすものを原始多項式と呼ぶ．ある多項式 $G(x)$ を与えたとき，多項式 $x^e - 1$ が式 6.8 のように因数分解できるとする．

gftest1.m

```
x = [1 0 0 1];
gfpretty(x,'x',20)
gfprimck(x)

x2 = [1 1 0 1]
gfpretty(x2,'x',20)
gfprimck(x2)
```

$$x^e - 1 = G(x)R(x) \tag{6.8}$$

このとき式6.8を満たす最小の e を多項式 $G(x)$ の**指標**または**周期**と呼ぶ．そして周期 e が最大となる $G(x)$ が与えられたとき，この $G(x)$ を**原始多項式**といい，その指標は $2^m - 1$ （m は $G(x)$ の次数）となる．この原始多項式は，Hamming 符号や BCH 符号等に使用される．また，DS/CDMA の拡散符号として重要な役割を果たす．M 系列もこの原始多項式から再帰的に作り出される．

先に示した既約多項式 $G(x)=1+x+x^3$ は実は原始多項式である．これを MATLAB で確認すると "gftest2.m" のようになる．

この原始多項式は唯一とはかぎらないが有限個であり，このことが M 系列の数がかぎられることの理由となっている．原始多項式は代数的に求めることができず，計算機探索となる．MATLAB を用いて $GF(2)$ 上における先の5次の原始多項式をすべて求めると，図6.1のようになる．これは多項式の係数を表しており，この場合6個存在することを示している．

6.1.5 ガロア拡大体とは？

素数 p からなるガロア体 $GF(p)$ を素体と呼ぶ．この $GF(p)$ 上で既約な m 次多項式 $G(x)$ を考え，その根 α をとしこれを $GF(p)$ に付加する．するとこの集合は体をなさなくなるが，これが体をなすように必要なすべての元をつけ加えたものをガロア拡大体と呼ぶ．このガロア拡大体における元の数は p^m となり，これを $GF(p^m)$ と表わす．これは，$GF(p)$ 上のあらゆる多項式を考え，これを m 次多項式 $G(x)$ で割った余りの集合（剰余類）を考えることである．

gftest2.m

```
% 多項式 G(x) = 1+x+x^3の原始性のチェック
% 原始多項式であるならば、その周期は2^3-1=7のはずである。

gx = [1 1 0 1];   % G(x) = 1 + x + x^3
ord = 2^3-1;
n = 1;
p = [1 zeros(1,n-1) 1];
[Q,R] = gfdeconv(p,gx,2);
Rsum = sum(R,2);
while Rsum ~= 0
   n = n+1;
   p = [1 zeros(1,n-1) 1];
   [Q,R] = gfdeconv(p,gx,2);
   Rsum = sum(R,2);
end
s1 = fprintf('Order=%2d \n',n);
if n == ord
   s2 = fprintf('Polynomial is primitive \n');
end
```

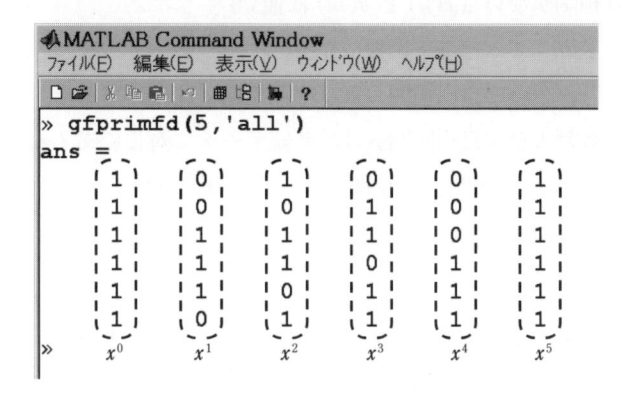

```
MATLAB Command Window
ファイル(F) 編集(E) 表示(V) ウィンドウ(W) ヘルプ(H)

» gfprimfd(5,'all')
ans =
    1    0    1    0    0    1
    1    0    0    1    0    1
    1    1    1    1    0    1
    1    1    1    0    1    1
    1    1    0    1    1    1
    1    0    1    1    1    1
»   x^0  x^1  x^2  x^3  x^4  x^5
```

図 6.1　$GF(2)$ 上の5次の原始多項式をすべて検索

既約多項式 $G(x)$ が原始多項式であるとき α を原始元とよび，$GF(p^m)$ のすべての元が 0 と α のべきで表現できる．これをべき表現といい，Communications Toolbox でもこの表現法を取り扱うことができる．

6.2 拡散符号

CDMA システムでは拡散符号が重要な役割を持つ．その理論的内容は既に 2.2 節で紹介したとおりである．ここではシミュレーションを通して，その性質を確認する．

6.2.1 疑似ランダム信号とランダム信号

拡散符号の代表として知られる M 系列は疑似ランダム信号の代表である．つまりランダムなようでランダムでないということである．しかし「ランダム」を定義づけるのは意外と難しい．ランダム信号の性質としては例えば以下のようなことが挙げられる．

（1） ホワイト性（周波数分布が全帯域フラット）がある
（2） 周期がない（無限大）である
（3） データが独立している（$x(n)$ と $x(n-m)$ に何も関係がない）
（4） 自己相関がない
（5） 相互相関がない（$x(n)$ と $y(m)$ は独立）
（6） 発生メカニズムは確率過程に従う

ここでは(4)，(5)の自己相関および相互相関に注目していく．

自己相関関数および相互相関関数は，連続データに対して式 2.8, 2.9 に定義されているが，これに合わせて N 点離散データ $x(n)$, $y(n)$ に対して式 6.9, 6.10 のように定義する．

自己相関関数：

$$R_{xx}(m) = \frac{1}{N}\sum_{n=0}^{N-1} x(n)x(n-m)_{\text{mod } N}, \quad O \leq m \leq N-1 \tag{6.9}$$

相互相関関数：

$$R_{xy}(m) = \frac{1}{N}\sum_{n=0}^{N-1} x(n)y(n-m)_{\text{mod } N}, \quad 0 \leq m \leq N-1 \tag{6.10}$$

ここで，$x(n-m)_{\text{mod } N}$，$y(n-m)_{\text{mod } N}$ は，N 点のデータに対してサイクリックシフトを行うことを意味する．実際の計算では式 6.9, 6.10 を直接計算するので

はなく，離散フーリエ変換を利用して行うことがあり，特にデータ点数 N が 2 のベキ数である場合は，高速フーリエ変換（FFT）が利用できるので，極めて効率良く計算できる．

離散データが拡散符号のように，$\{0, 1\}$ または $\{1, -1\}$ のように，2値データに限定されると，相互相関関数は最大相関係数を 1 に正規化して，式 6.11 のように記述することもできる．

$$R_{xy}(m) = \frac{N_A - N_D}{N_A + N_D} = \frac{N - 2N_D}{N} \tag{6.11}$$

ここで，N_A, N_D は $x(n)$ と $y(n)$ を各項ごとに比較して，

$N_A : x(n)$ と $y(n-m)_{\mathrm{mod}\ N}$ の値が一致する数

$N_D : x(n)$ と $y(n-m)_{\mathrm{mod}\ N}$ の値が一致しない数

自己相関関数に関しては $y(n-m)_{\mathrm{mod}\ N}$ を $x(n-m)_{\mathrm{mod}\ N}$ に置き換えれば同様に定義できる．

式 6.9, 6.10 による相関関数の MATLAB プログラムを "myxcorr.m" に，式 6.11 によるものを "myxcorr2.m" にそれぞれ示す．

次項に述べる M 系列は，確定的であるけども最もホワイト性がある信号として知られる．その意味で疑似ランダム信号と言われる．ここで1と0のデータを，最もランダムと思われるように15個並べることを考える．これは何も考えずに適当に並べれば簡単のように思われ，例えば次の A 系列のようである．

A 系列 = $\{0\ 1\ 1\ 0\ 1\ 0\ 0\ 0\ 1\ 0\ 1\ 1\ 0\ 1\ 1\}$

また，周期 15 の M 系列の 1 つとして以下のものを考える．

M 系列 = $\{0\ 0\ 0\ 1\ 1\ 1\ 1\ 0\ 1\ 0\ 1\ 1\ 0\ 0\ 1\}$

それぞれの自己相関関数を求め，プロットすると図 6.2 のようになる．この図より，M 系列の自己相関関数は鋭いピークを持ち，単位インパルスに近い関数となることがわかる．自己相関関数のフーリエ変換がパワースペクトルになることから，単位インパルス関数に近い M 系列の周波数特性は，ほぼ全域フラット，つまり理想的なホワイト性を持つと言える．これが CDMA で広帯域拡散するのに有効な性質となる．一方適当にデータを並べてランダムと思われた A 系列は，

自己相関関数がインパルス的ではなく，ホワイト性に欠けることがわかる．そういった意味で，本来確定信号であるM系列は，ホワイト性の点ではランダム性を有すると考えられる．

myxcorr.m

```
function [coef,lag] = myxcorr(x,y,method)
% [coef,lag] = myxcorr(x,y,method)
% Auto/Cross-correlation function for cyclic data
%
% coef  : correlation coefficient
% lag   : lag
% x,y   : input data
% method :'ifft' used ifft (Default)
%        :'mul' used mutiply & shift
%
% Programed by S.Ishizuka
% Date:1999/03/05

L = length(x);
coef = zeros(1,L);

if nargin == 2
 method = 'ifft';
end

if ~isempty(findstr(method,'fft'))      % FFT法
  X = fft(x);
  Y = fft(y);
  coef = real(ifft(X.*conj(Y)));
elseif ~isempty(findstr(method,'mul'))  % 直接法
  y_lag = y';
  for n = 1:L
   coef(n) = x*y_lag;
   y_lag = [y_lag(L);y_lag(1:L-1)];
  end
  end
coef = [coef/L];
lag = 0:(L-1);
```

6.2 拡散符号

myxcorr2.m

```
function [coef,lag] = myxcorr2(x,y,range)
% [coef,lag] = myxcorr(x,y,range)
% Auto/Cross-correlation function for cyclic and binary data
%
% coef : correlation coefficient
% lag  : lag
% x,y  : input data
% range :'one'--> 0 to (N-1)
%       :'two'--> -(N-1) to (N-1)
%
% Programed by S.Ishizuka
% Date:1999/03/05

L = length(x);
if (nargin >=3 & range == 'two')
 lag = [-(L-1):(L-1)];
else
 lag = [0:(L-1)];
end
coef = zeros(size(lag));
for n = 1:length(lag);
 index = lag(n);
 index = mod(-index,L)+1;
 y_lag = [y(index:L) y(1:(index-1))];
 Nd = sum(x~=y_lag);
 coef(n) = (L-2*Nd)/L;    % Calculate crosscorrelation
end
```

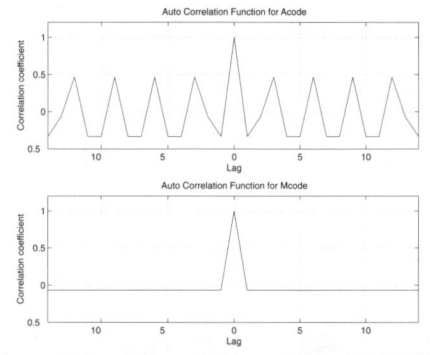

図 6.2 適当な信号 A 系列と M 系列の自己相関関数

6.2.2 M系列

　M系列は前述のとおり優れたホワイト性を有する．またそれ以外にも，2.2.3項に述べられているような特徴を持っている．このM系列の性質は代数的に説明される．M系列の名前の由来はもともと，Maximum length sequenceの略で，日本語では，最大長系列とか最大周期列とも言われる．つまりこれは，例えば図2.11に示すように，有限個のシフトレジスタを再帰的に接続して得られる，「最も周期の長い」系列という意味である．最も長い周期にするためには，シフトレジスタの構造が適切である必要があり，このとき利用されるのが6.1.4項で述べた「原始多項式」なのである．最大の周期とは原始多項式の周期を利用したものである．

　ここで，図6.3のようなn段シフトレジスタからなるM系列発生機構を考える．これは式6.12のような線形再帰式で表現できる．

$$a_{i+n} = \sum_{j=0}^{n-1} f_j a_{i+j} \tag{6.12}$$

$f_n=1$ とすると，式6.13のようになる．

$$\sum_{j=0}^{n} f_j a_{i+j} = 0 \tag{6.13}$$

ここで $a_{i+j} = x^j a_i$ なる演算子 x を考えると，式6.13は式6.14のようになる．

$$\left(\sum_{j=0}^{n} f_j x^j \right) a_i = 0 \tag{6.14}$$

このとき，

$$f(x) = \sum_{j=0}^{n} f_j x^i, \ f_0 = f_n = 1 \tag{6.15}$$

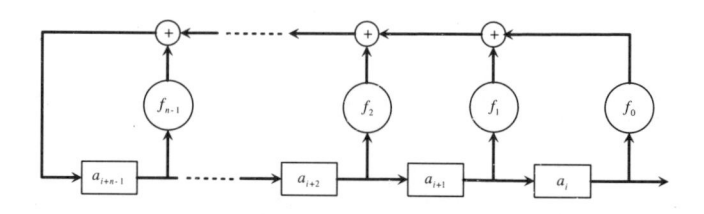

図6.3　M系列発生機構

なる式は，発生する符号の性質を決定付け，**特性多項式**と呼ばれる．この特性多項式が**原始多項式**であるとき M 系列となる．

M 系列はシフトレジスタを用いて簡単に発生できることはすでに述べた．周期 31 の M 系列の一例を Simulink で構成し，シミュレーションすると図 6.4 のようになる．ここではサンプルレート 1(s) で 0～61(s) までシミュレーションしているが，周期が 31(s) であることがわかる．

ある周期の M 系列は唯一ではないが，6.1.4 項で述べたように，原始多項式が有限個に限られるため，M 系列も有限個となる．周期 31 ではその数は 6 個となる．どの M 系列にも言えることは，自己相関関数が鋭くホワイト性に優れていることである．自己相関関数が鋭いことは同期をとるのにも適する．しかし同じ周期の違う M 系列同士の相互相関関数は必ずしも低くはない．相互相関が 0 のとき，その**符号同士は直交**しているという．相互相関関数はアクセス数を支配し（2.2 節参照），直交していることが理想的である．

周期 31 のある M 系列と他の M 系列同士の相互相関関数を，先に作成した関数 "myxcorr 2.m" を用いて比較するプログラムがあり，それを "m 31 xcorr_ck.

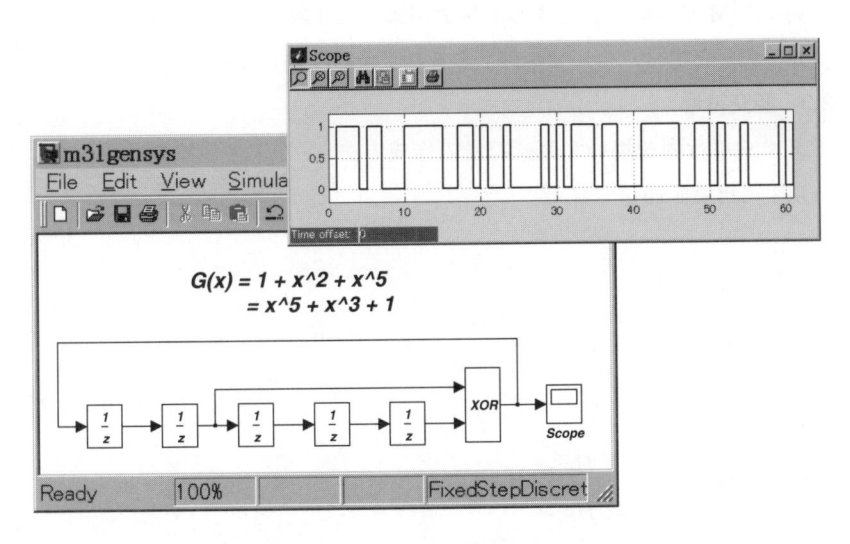

図 6.4　周期 31 の M 系列発生モデル

m31xcorr_ck.m

```
% 周期 31 の M 系列同士の相互相関関数の検査
load m_code         % 周期 31 の M 系列をロード
coef = zeros(6,31*2-1);

for n = 1:6
 [coef(n,:),lag] = myxcorr2(M31(1,:),M31(n,:),'two');
end

for n = 1:6
 subplot(6,1,n)
 plot(lag,coef(n,:))
 str1 = 'Cross Correlation Function between M31_1 to M31_';
 str2 = int2str(n);
 str = strcat(str1,str2);
 title(str)
 ylabel('Corr. coeff.')
 axis([lag(1) lag(end) -0.5 1.2])
 grid
end
xlabel('Lag'), ylabel('Correlation coefficient')
```

m"に示す．これを実行した結果が図 6.5 である．これより鋭い自己相関があるが，異なる M 系列同士は必ずしも相関が低いとは限らないことがわかる．これが多元接続した場合，ユーザ数の上限を制限する要因となる．

6.2.3 直交符号

アダマール行列を用いた直交符号の作成方法は，2.2.4 項に述べられているが，以下に再度記述しておく．

$$H_1 = [1]$$
$$H_2 = \begin{bmatrix} 1 & 1 \\ 1 & -1 \end{bmatrix}$$
$$\vdots$$
$$H_N = \begin{bmatrix} H_{N/2} & H_{N/2} \\ H_{N/2} & H_{N/2} \end{bmatrix} \tag{6.16, 2.18}$$

6.2 拡散符号

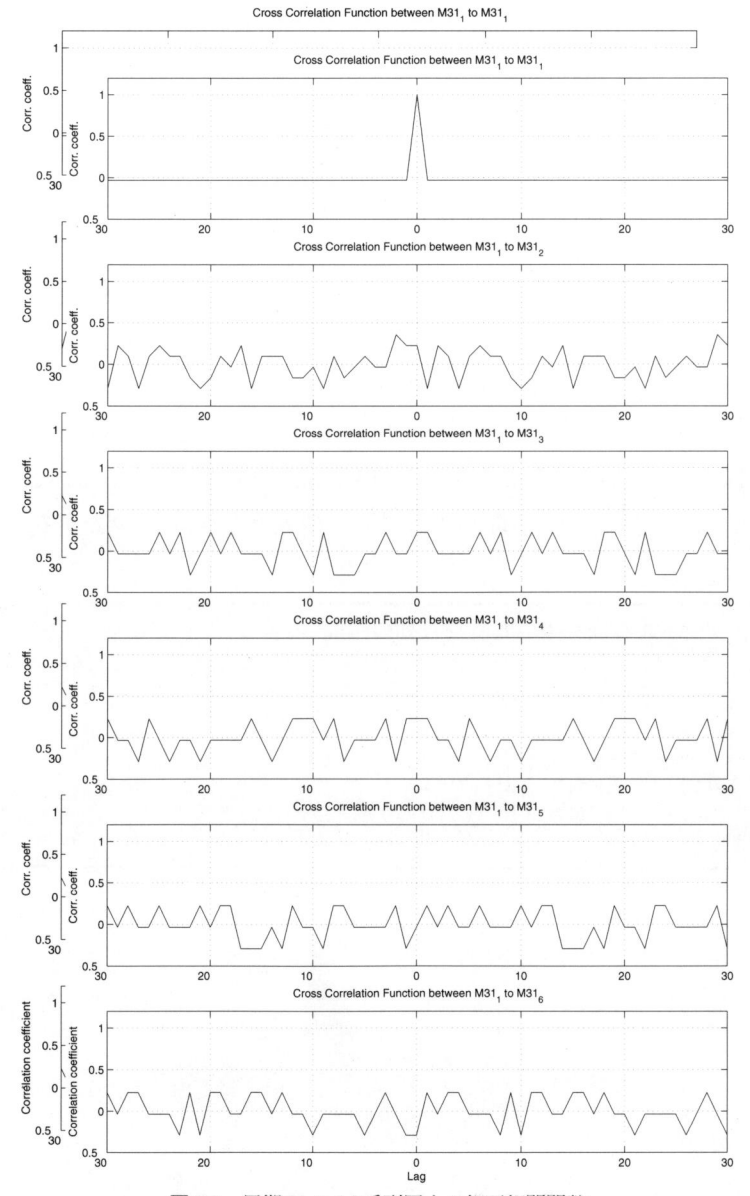

図 6.5 周期 31 の M 系列同士の相互相関関数

6 MATLABによる符号の取り扱い

これを MATLAB プログラムで実現すると，"o_code.m" のようになる．ここでは符号長 1〜1024 までの直交符号を求めている．MATLAB では，数値，文字列，異なるサイズのデータ同士も，一つの変数に定義できる，「セルアレイ」と呼ばれるデータタイプを持っている．これを用いることにより，1 変数 H だけですべての符号を表現でき，プログラムが簡潔になる．

この直交符号は M 系列と異なり，符号の周期だけ符号が存在する．周期 31 の M 系列が高々 6 個しか存在しないのに対し，周期 32 の直交符号は 32 個存在する．また符号の位相差がない（フレーム同期が合っている）かぎり，他の符号との相互相関は 0 となり，完全に直交する．周期 32 の符号間の全パターン（$(32 \times 31)/(2 \times 1) + 32 = 528$ 通り）の相互相関を計算し，その大きさを 3D マップで示すと図 6.6 のようになる．このときの MATLAB プログラムを "o32xcorr_ck.m" に示す．すべての異なる符号間で，相互相関が 0 であることがわかる．

o_code.m

```
% アダマール行列を用いた直交行列の生成

H(1) = {[1]};

for n = 2:11
    H(n) = {[H{n-1}  H{n-1}
            H{n-1} -(H{n-1})]};
end
```

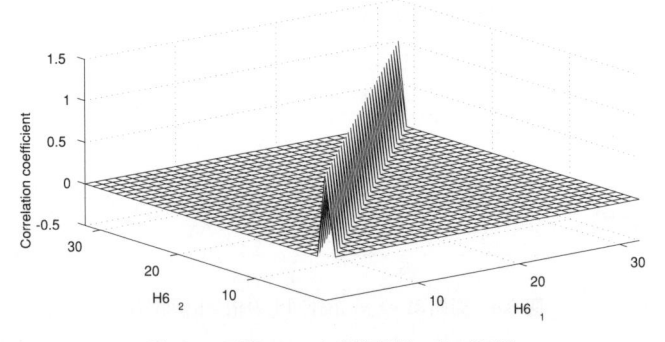

図 6.6　周期 32 の直交符号間の相互相関

o32xcorr_ck.m

```
% 周期32の直交符号間の相互相関の検査

o_code  % 直交符号を求めるプログラム

H6 = H{6};
Rxy = zeros(size(H6));
for n1 = 1:32
   for n2 = n1:32
        NA = sum((H6(n1,:)==H6(n2,:)),2);
        ND = sum(not(H6(n1,:)==H6(n2,:)),2);
        Rxy(n1,n2) = (NA-ND)/(NA+ND);
   end
end

Rxy = Rxy+(triu(Rxy,1))';

mesh(Rxy)
axis([1 32 1 32 -0.5 1.5])
xlabel('H6_1')
ylabel('H6_2')
zlabel('Correlation coefficient')
```

　直交符号では符号の位相差が0であれば，このように理想的な相互相関特性を示すが，位相がずれた場合，つまりフレーム同期がずれた場合は相互相関は必ずしも低いとは言えず，M系列よりむしろ大きくなる場合がある．周期32の直交符号に対していくつかの相互相関関数を計算しプロットするプログラムを，"o32xcorr_ck2.m"に示す．これを実行した結果が図6.7である．これからわかるように，直交符号は場合によっては非常に高い相関係数を示し，フレーム同期が必要である．

o32xcorr_ck2.m

```
% 周期31のM系列同士の相互相関関数の検査

o_code  % 直交符号を求めるプログラム
```

```
H6 = H{6};
coef = zeros(6,32*2-1);

for n = 7:12
   [coef(n,:),lag] = myxcorr2(H6(5,:),H6(n,:),'two');
end

for n = 1:6
   subplot(6,1,n)
   plot(lag,coef(n+6,:))
   str1 = 'Cross Correlation Function between H6_5 to
   str2 = int2str(n+6);
   str = strcat(str1,str2);
   title(str)
   ylabel('Corr. coeff.')
   axis([lag(1) lag(end) -1.2 1.2])
   grid
end
xlabel('Lag'), ylabel('Correlation coefficient')
```

6.2.4 FH系列

　周波数ホッピング方式（FH/SS方式）のスペクトル拡散では，ホッピングパターンを決定するために，DS/CDMA方式の拡散符号に相当するFH系列を用いる．FH系列はまた，アドレス符号とも呼ばれる．FH系列としては，OCC (One Coincidence Code)，多元M系列，Reed-Solomon系列等，いくつか提案されているが，DS/CDMA方式と比較し，FH/SSシステム自体がまだあまり実用になっていないこともあり，DS/CDMA方式のM系列に対応するような，定番的なFH系列はまだ存在しないようだ．ここではFH系列として，M系列を利用する方法と，G. Einarssonが提唱した同期システムに対する系列を，MATLABによるプログラムとシミュレーションの実例を用いながら紹介する．

（1） M系列を利用する方法

　M系列はDS/CDMA方式の拡散符号の基本として広く知られている．しかしFH系列では，符号1周期の性質よりも1チップごとに見た場合の異なる符号同士の衝突が重要になり，M系列は決して少なくなくFH系列として適している

6.2 拡散符号　**85**

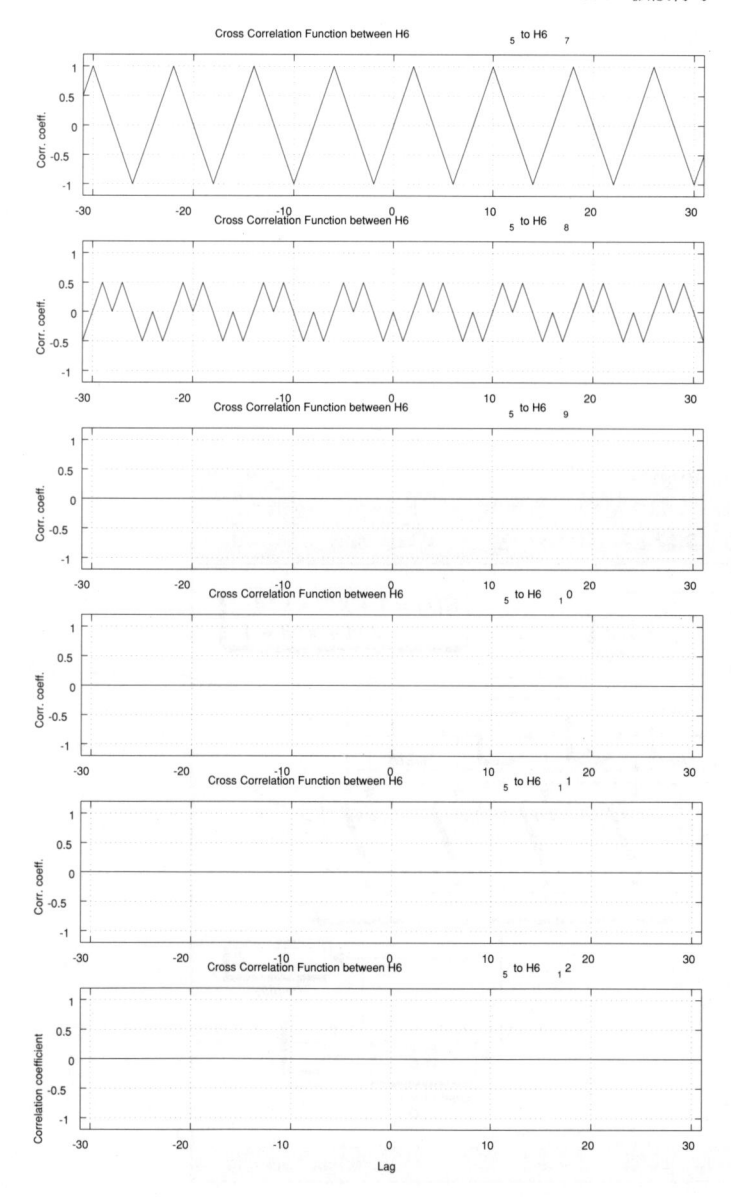

図 6.7 周期 32 の直交符号間の相互相関関数

86　6　MATLABによる符号の取り扱い

とは言い難い．また符号が1周する間に，オール0を除くすべてのパターンが表れるため，ホッピングする周波数間隔を大きくとれないことも欠点として挙げられる．しかしながら簡単に発生できることからFH系列に利用されたことがあるようだ．

図6.8にSimulinkを利用した，M系列からFH系列を発生させる機構を示す．ここでは生成多項式として式6.17を用いた．

$$G(x) = x^4 + x^3 + 1 \tag{6.17}$$

各シフトレジスタには，オール0を除く適当な初期値が入っている．ここでの初

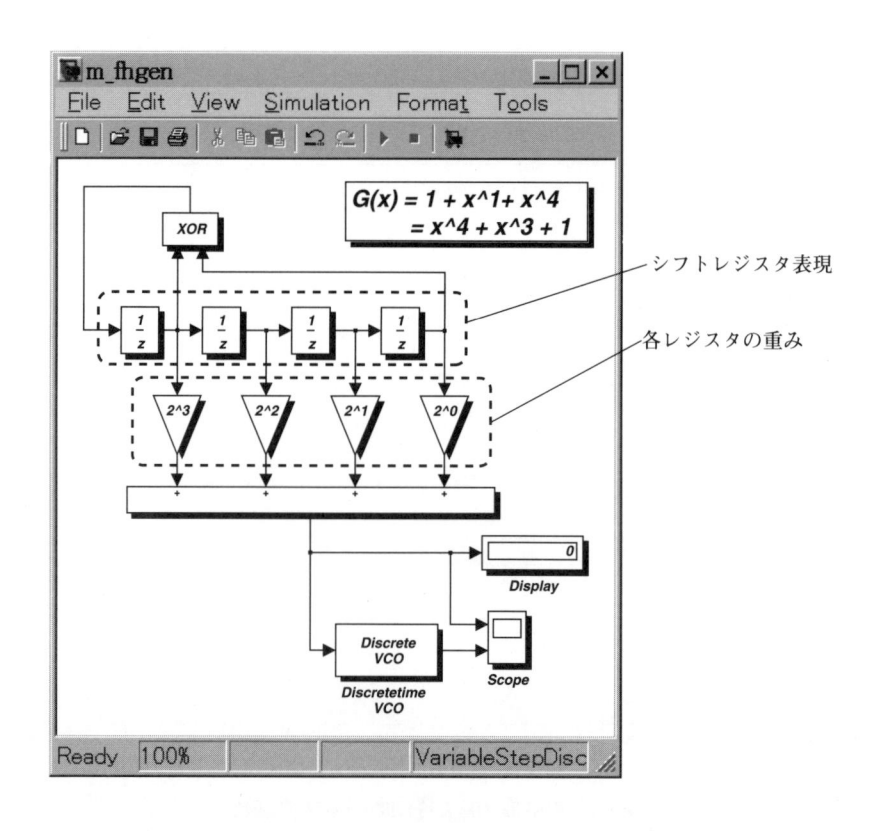

図6.8　M系列を利用したFH系列発生機構

期値はM系列の性質により全ビットパターンが出現するので，どのような値が入っていても位相がずれるだけである．これを再帰的に巡回帰還させて，各レジスタからの出力タップにそれぞれ 2^0, 2^1, 2^2, 2^3 の重みを掛けて加算し，その結果より VCO を駆動する．

これを実行すると，例えば式6.18のようなアドレス fh_{code} が得られる．

$$fh_{code} = \{15, 7, 11, 5, 10, 13, 6, 3, 9, 4, 2, 1, 8, 12, 14\} \tag{6.18}$$

(2) G. Einarsson の提唱する同期システムに対する FH 系列

G. Einarsson は同期システムと非同期システムに対する FH 系列を提唱している．ここでは同期システムに対する FH 系列と，その具体的な発生プログラムを紹介する．この系列は，Q個の発生可能トーンからL個のトーンを選択するもので，その発生方法や性質は参考文献[15]に詳細が記述されているので，以下にその概要を述べる．

γ を $GF(Q)$ の元，α を $GF(Q)$ の原始元とする．ユーザ k に対する FH 系列 $\boldsymbol{a}_k$ は，式6.19のように求める．

$$\boldsymbol{a}_k = (\gamma_k, \gamma_k \alpha, \gamma_k \alpha^2, \cdots, \gamma_k \alpha^{L-1}) \tag{6.19}$$

ユーザ k が情報 x_k を送信する場合は，式(6.20)のように決定する．

$$\boldsymbol{y}_k = \boldsymbol{a}_k + x_k \cdot \boldsymbol{1} \tag{6.20}$$

こうして得られた系列は，ユーザ1とユーザ2でこのFH符号が衝突するのは，たかだか1回であることが知られている．また，とり得る FH 系列の最大数は Q，長さLは $(Q-1)$ まで可能である．

$GF(Q) = GF(q^k)$ の場合に，この方法に従って FH 系列を発生する MATLAB プログラムを "einarsson.m" に示す．また，$Q=2^3=8$，$L=5$ において，ユーザ0～ユーザ7に，このFH系列を割り当てるプログラムを "fhgen.m" に示す．このプログラムを実行すると，図6.9のような結果が得られる．

einarsson.m

```
function [ak,ch] = einarsson(ch,L,q,k)

% [ak,ch] = function(ch,L,q,k)
% Einarsson's Freauency Hopping Sequence
%
% ch    : Channel of GF(q^k) element, 0 <= ch <= q^k-1
% L     : Number of tone, L <= q^k-1
%
% ch = 3;
% L = 5;      使用するトーン数
% Q = 8;      発生可能トーン数，2^3
%
% EX. ak = einarsson(ch,L,2,3);
%
%   Programed by S.Ishizuka
%   Date:1998/12/28

if ch > (q^k-1)
   error(' ''ch'' must be <= (q^k-1)');
end
if L > (q^k)
   error(' ''L'' must be <= (q^k)');
end

p_tuple = gftuple([-1:q^k-2]',k,q);
p_int = p_tuple*2.^[0:k-1]';
gamma = (ch-1).*ones(L,1);      % GF(q^k)におけるべき表現
alpha = [0:L-1]';               % GF(q^k)におけるべき表現
ak_index = gfmul(gamma,alpha,p_tuple);
if ak_index == -Inf*ones(L,1);
   ak_index = -1*ones(L,1);
end
ak = [p_int(ak_index+2)]';
```

fhgen.m

```
% Einarssonが提唱した、同期システムのFH系列を計算
% GF(2^3) 上のガロア体で計算
%
% Programed by S.Ishizuka
```

```
% Date:1999/10/25

L = 5; % トーン数
q = 2; % ガロア体の基底
K = 3; % ガロア体のベキ

A = zeros(q^K,L);
for n = 1:q^K
   ch = n-1;
   A(n,:) = einarsson(ch,L,q,K); % FH系列の計算
end

fprintf('\n\t Einarsson''s FH sequence \n')
fprintf('\t for synchronized system. \n\n')

for n = 1:q^K
  ind = strcat('a',num2str(n-1),'={');
  fprintf('\t %4s%1d%1d%1d%1d%d%1s\n',ind,A(n,:),'}')
end
```

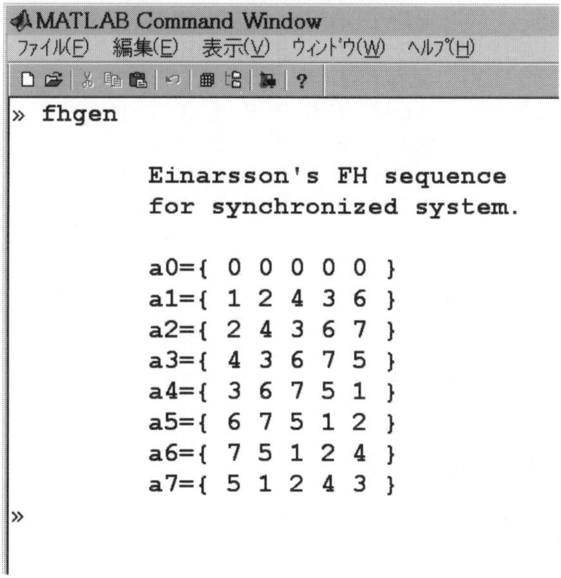
MATLAB Command Window
ファイル(F) 編集(E) 表示(V) ウィンドウ(W) ヘルプ(H)
» fhgen
Einarsson's FH sequence
for synchronized system.
a0={ 0 0 0 0 0 }
a1={ 1 2 4 3 6 }
a2={ 2 4 3 6 7 }
a3={ 4 3 6 7 5 }
a4={ 3 6 7 5 1 }
a5={ 6 7 5 1 2 }
a6={ 7 5 1 2 4 }
a7={ 5 1 2 4 3 }
»

図 6.9 $Q=2^3=8$，$L=5$ の場合の Einarsson の FH 系列

ここで例えば，ユーザ1：a1={1 2 4 3 6}とユーザ2：a2={2 4 3 6 7}に注目する．a2が1チップ右にシフトしただけで，2，4，3，6が衝突してしまうことがわかる．同様にL＝Q－1の場合のアドレスを求めてみると図6.10のようになり，各ユーザに対し，1チップずつシフトしたアドレスが割り振られ，フレーム同期していない場合は全チップが完全に衝突し，大きな干渉を生み通信が成り立たないことがわかる．第7章ではこのFH系列を用いたFH/SSシステムのシミュレーション例を示す．

```
» fhgen2

        Einarsson's FH sequence
        for synchronized system.

        a0={ 0 0 0 0 0 0 0 }
        a1={ 1 2 4 3 6 7 5 }
        a2={ 2 4 3 6 7 5 1 }
        a3={ 4 3 6 7 5 1 2 }
        a4={ 3 6 7 5 1 2 4 }
        a5={ 6 7 5 1 2 4 3 }
        a6={ 7 5 1 2 4 3 6 }
        a7={ 5 1 2 4 3 6 7 }
»
```

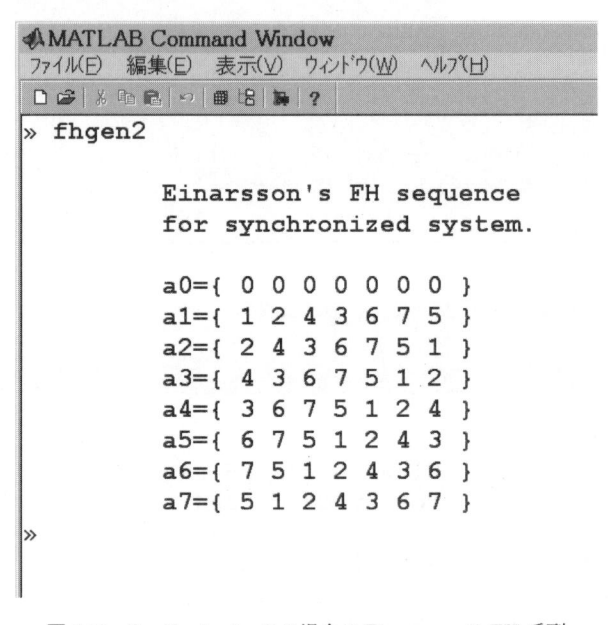

図6.10　$Q=2^3=8$，$L=7$の場合のEinarssonのFH系列

6.3　誤り訂正符号

CDMAシステムは，回線容量がFDMAやTDMAなどと異なり明確な限界がない．ある容量を越えると穏やかに劣化していくが，誤り訂正符号を用いることにより，その品質を保つことができる．また，FH/SS方式では，ホッピング

中に異なるユーザ間である程度の確率で搬送波周波数が衝突し，このとき誤りが多く発生するため，基本的に誤り訂正を期待した通信システムと考えられる．

誤り訂正符号に目を向けてみると，参考文献[9]，[11]等，符号理論に関する多くの優れた文献が出版されている．詳細な理論はそれらの文献に譲るとし，ここでは誤り訂正符号の性質をMATLABを用いて確認し，その本質を理解する．

6.3.1 符号と距離の関係

誤り訂正符号を考えるとき，「距離」の概念が非常に重要になってくる．ここでいう距離は，いわゆる「数学的距離[7]」であって，「物理的距離」とは異なり，2つの数がどれだけ違っているかを表す尺度である．たとえば，4ビットで数を表現することを考えると，4と6はそれぞれ以下のように表現される．

4：{0 1 0 0}

6：{0 1 1 0}

各ビットごとに異なる数字の数を「ハミング距離」と呼び，この場合は1となる．これを具体的な符号に当てはめて考えてみる．

15ビット中，2ビットの誤りが訂正できる符号として，(15,7) BCH符号を考える．これは情報7ビットに冗長ビットを8個付加し，15ビットで表現するものである．7ビットで表現できる数は$2^7=128$通りであり，15ビットで表現できる数は$2^{15}=32768$通りである．つまり誤り訂正における符号化とは，128個の集合を，より大きい32768個の集合に割り当てる（射影）ことである．このとき，割り当てられた数同志の距離（例えばハミング距離）がなるべく大きくなるようにすることにより誤りに対処する．これは本来n次元空間で論じられるものであるが，模式的に2次元空間で表現したものを図6.11に示す．

6.3.2 最小距離とBCH限界

2ビットの誤り訂正をするためには，符号語と符号語の距離が，$(2 \times 2)+1=5$以上である必要がある．以下の2つのは符号語，BCHcode 1 と BCHcode 2 は，(15,7) BCH符号の具体例である．

BCHcode 1 = {0 1 1 0 0 1 1 1 0 0 1 0 0 0}

BCHcode 2 = {1 0 1 0 1 0 0 1 0 1 1 0 0 0}

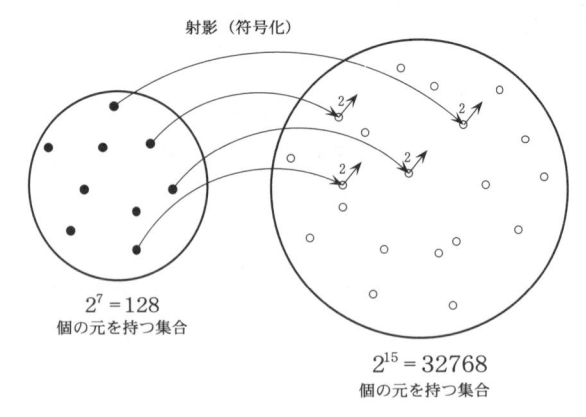

図6.11 符号化の概念

この符号語同志のハミング距離は6であり，2ビット誤りを訂正できることがわかる．実際にはすべての符号語の組合せの距離を調べ，その最小距離が5以上ある必要がある．その組合せは非常に多く，(15,7) BCH の場合で，$(128 \times 127)/2 = 8128$ 通りとなる．最小距離は「BCH 限界」と呼ばれる定理により，その下限値が保証されるが，必ずしも実際の値と同じではない．正確な値は計算機探索に頼らざるを得ないようだ．(15,7) BCH 符号の最小距離を検索するプログラムを "bchck.m" に示す．これを実行すると，図6.12 に示すように最初距離が5であることがわかる．

bchck.m

```
clear all
% (15, 7) BCH符号の最小距離の検査

msg_de = [0:127]';
msg_bi = zeros(128,7);
msg_bi = de2bi(msg_de,7);
code = zeros(128,15);
code = encode(msg_bi,15,7,'bch');
```

```
echo off
disp(' ')
disp(' 計算機探索による最小ハミング距離の探索')

dist_min = 15;      % Initial distance
for n = 1:128
  for m = (n+1):128
      dist = sum(bitxor(code(n,:),code(m,:)));
      if dist < dist_min
          dist_min = dist;
      end
  end
end

fprintf('\n    最小距離=%2d\n',dist_min)
```

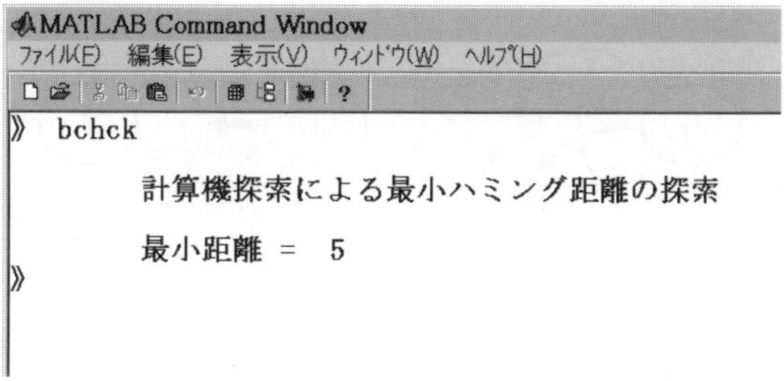

図 6.12 最小距離探索プログラムの実行結果

6.3.3 BCH 符号と RS 符号

RS 符号はランダム誤りに対する符号と称される場合もあれば，バースト誤りに対する符号と称される場合もある．これは RS 符号の構造からくるものである．BCH 符号では，情報シンボルは $GF(2)$ 上であり，つまり $\{0,1\}$ の2元符号である．それに対し RS 符号では，情報シンボルは $GF(2^M)$ 上であり，例えば $M=3$ とすると，$\{0, 1, 2, 3, 4, 5, 6, 7\}$ となり，多元の符号である．RS 符号はこの多元シンボルに対してランダム誤りを訂正できる．ディジタル演算で多元を表現する場合，1シンボル$=M$ ビットとなり，結果的にバースト誤りを訂正できる場合がある．このように RS 符号は BCH 符号を拡張したものと考える

ともできる．図 6.13 に BCH 符号と RS 符号の関係を表した概念図を示す．

ここでは，RS 符号がランダムシンボル誤りを訂正できることを確認する．ガロア体 $GF(2^3)$ 上で，1 シンボルの誤りが訂正できる，(7,5) RS 符号を考える．今，$GF(2^3)$ の情報が，$\{2, 0, 5, 7, 1\}$ であったとすると，2 進数で表現し直すと以下のようになる．

$$\{(0, 1, 0)(0, 0, 0)(1, 0, 1)(1, 1, 1)(0, 0, 1)\}$$

この情報を (7,5) RS で符号化し，誤りベクトルとして，1 シンボル内のものと，2 シンボルにまたがるものを与え，どのように復号されるかを試みるプログラムを "rsck.m" に示す．これを実行すると，図 6.14 のような結果が得られる．こ

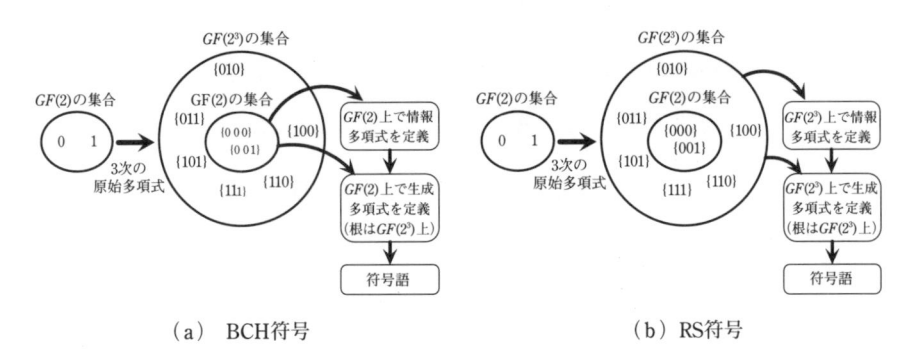

(a) BCH符号　　　　　　　(b) RS符号

図 6.13　BCH 符号と RS 符号の関係

rsck.m

```
pg = rspoly(7,5);           % 生成多項式の定義

% メッセージの作成
msg_dec = [2 0 5 7 1]';     % 10進表現
msg_bin = de2bi(msg_dec);   % 2進データに変換

% (7,5)RSで符号化
code = rsenco(msg_bin,7,5,'binary',pg);

% e1：1シンボル区間の誤りベクトル
e1 = [1 1 1
```

```
             0 0 0
             0 0 0
             0 0 0
             0 0 0
             0 0 0
             0 0 0];

% e2：2シンボル区間の誤りベクトル
e2 = [0 0 1
      0 0 0
      0 1 0
      0 0 0
      0 0 0
      0 0 0
      0 0 0];

% 誤りの追加
y1 = gfadd(code,e1);
y2 = gfadd(code,e2);

% 復号
msg_r1 = rsdeco(y1,7,5,'binary');
msg_r2 = rsdeco(y2,7,5,'binary');

% ビットエラー数のカウント
num1 = biterr(msg_bin,msg_r1)
num2 = biterr(msg_bin,msg_r2)
```

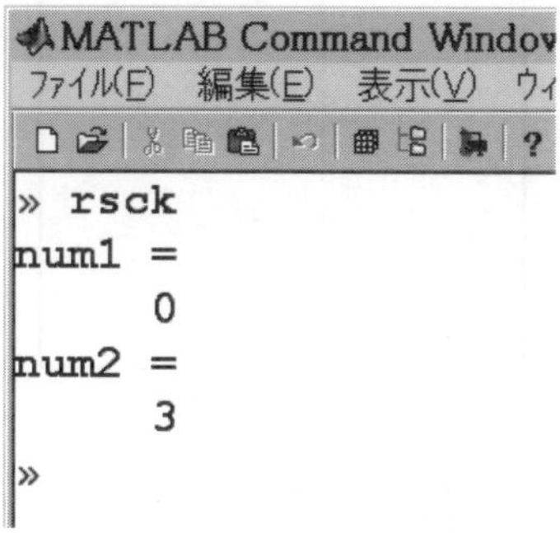

```
» rsck
num1 =
     0
num2 =
     3
»
```

図 6.14　RS 符号の誤り訂正能力の結果

こで，"num 1" は誤りが 1 シンボル内のもので，"num 2" は誤りが 2 シンボルにまたがる場合に復号した後の誤りの数であるが，1 シンボル内の場合は，誤りが 3 ビットとまとまった場合でも誤りなく復号できるが，2 シンボルにまたがると，たとえ 2 ビットしか誤りがなくとも，正しく復号できないことがわかる．

6.3.4 積符号

誤り訂正符号において，2 つ以上の符号を組み合わせて，より強力な符号を構成することがある．その最も基本的なものが積符号である．積符号は，q 元 (n_1, k_1) 線形符号 C_1 と q 元 (n_2, k_2) 線形符号 C_2 を組み合わせて作られる，q 元 $(n_1 n_2, k_1 k_2)$ 符号である．これを図で表すと，図 6.15 のようになる．積符号の最小距離は，それぞれの最小距離をそれぞれ d_1, d_2 とすると，$d_1 d_2$ となることが知られている．

具体例として，(7,4) Hamming と (15,11) Hamming の，(105,44) 積符号を求めるプログラムを "prcode.m" に示す．

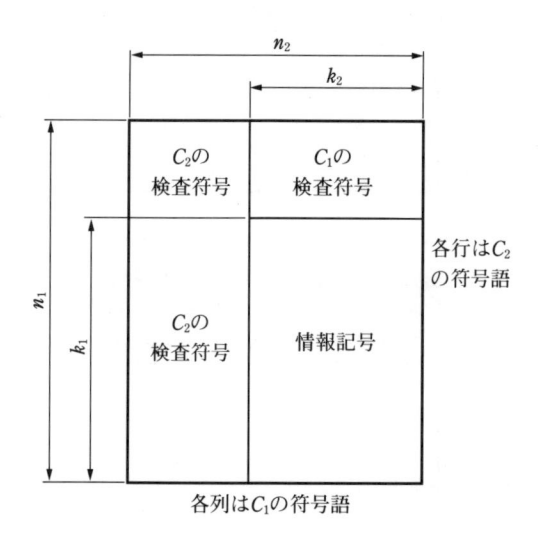

図 6.15　積符号の構造

prcode.m

```
% 2元 (105,44) 積符号の生成
% C1 = (7,4)Hamming, minimum distance 3
% C2 = (15,11)Hamming, minimum distance 3

N1 = 7;
K1 = 4;
N2 = 15;
K2 = 11;

N = N1*N2;
K = K1*K2;

msg_bi = randint(1,K);                          % メッセージ信号の生成
msg_bi_2d = reshape(msg_bi,K2,K1);              % データの2次元化
code1 = encode(msg_bi_2d,N1,K1,'bch');          % C1の符号化
code2 = encode(code1',N2,K2,'bch');             % C2の符号化
 code = reshape(code2,1,N);                     % シリアルデータに変換
```

6.3.5 連接符号

2つ以上の符号を組み合わせるもう一つの代表として連接符号がある．連接符号は $q^M(M \geq 2)$ 元符号と q 元符号を組み合わせるものである．今，C_1 を $GF(q^M)$ 上の (N, K) 線形符号，C_2 を $GF(q)$ 上の線形符号とするとき，図6.16のように符号化して得られる $GF(q)$ 上の (Nn, Kk) 線形符号が，C_1 と C_2 の連接符号である．このときを C_1 を外符号，C_2 を内符号と呼ぶ．連接符号の最小距離は，C_1 の最小距離を D，C_2 の最小距離を d とすると，Dd 以上となることが知られている．

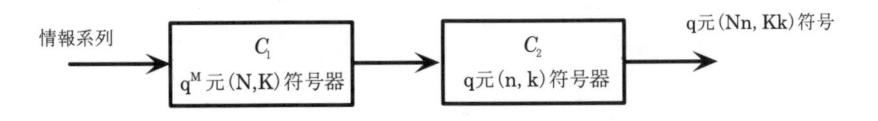

図6.16 連接符号の構造

6 MATLABによる符号の取り扱い

具体例として，外符号に (15, 13) RS 符号を，内符号に (7, 4) Hamming 符号を用いた場合の (105, 52) 連接符号を求めるための生成手順を図 6.17 に示す．またプログラム例を "concode.m" に示す．

CDMA システムにおいては，外符号として RS 符号，内符号として後述の畳み込み符号を用いた連接符号が用いられ，強力な誤り訂正能力を発揮している．

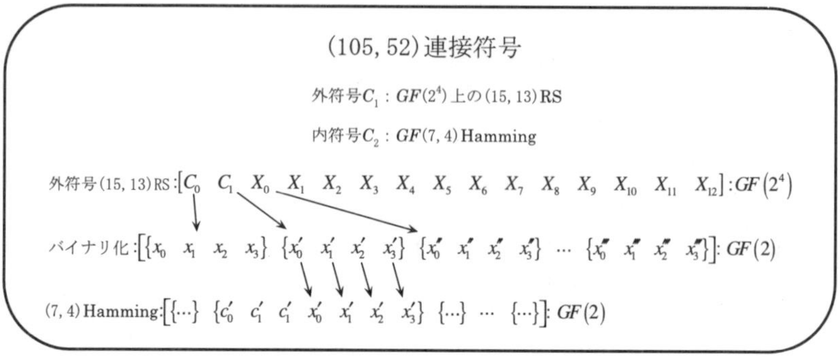

(105, 52) 連接符号

外符号 C_1 : $GF(2^4)$ 上の (15, 13) RS

内符号 C_2 : $GF(7, 4)$ Hamming

外符号 (15, 13) RS : $[C_0 \ C_1 \ X_0 \ X_1 \ X_2 \ X_3 \ X_4 \ X_5 \ X_6 \ X_7 \ X_8 \ X_9 \ X_{10} \ X_{11} \ X_{12}] : GF(2^4)$

バイナリ化 : $[\{x_0 \ x_1 \ x_2 \ x_3\} \ \{x'_0 \ x'_1 \ x'_2 \ x'_3\} \ \{x''_0 \ x''_1 \ x''_2 \ x''_3\} \ \cdots \ \{x'''_0 \ x'''_1 \ x'''_2 \ x'''_3\}] : GF(2)$

(7, 4) Hamming : $[\{\cdots\} \ \{c'_0 \ c'_1 \ c'_2 \ x'_0 \ x'_1 \ x'_2 \ x'_3\} \ \{\cdots\} \ \cdots \ \{\cdots\}] \ GF(2)$

図 6.17 (105, 52) 連接符号の構造

concode.m

```
%2元(105,52)連接符号の生成
% C1：外符号(15,13)RS符号 GF(2^4)
% C2：内符号(7,4)Hamming符号

N1 = 15;      % 外符号の符号長
K1 = 13;      % 外符号の情報ビット数
M = 4;        % GF(2^M)
N2 = 7;       % 内符号の符号長
K2 = 4;       % 内符号の情報ビット数

N = N1*N2;    % 符号長
K = K1*K2;    % 情報ビット数

msg_bi = randint(K1,M,2);                 % メッセージ信号の生成
code1 = encode(msg_bi,N1,K1,'rs');        % 外符号：(15,13)RS
code2 = encode(code1,N2,K2,'bch');        % 内符号：(7,4)ハミング
code = [reshape(code2',N,1)]';            % シリアルデータに変換
```

6.3.6 畳み込み符号とViterbiアルゴリズム

前項までの符号はブロック符号と呼ばれ，ある一定の長さの情報（ブロック）単位に対して独立に符号化が行われ，符号化された符号語は，前後のブロックの影響を受けていない．それに対して畳み込み符号は，処理はブロック単位で行われるものの，過去のブロックの影響を受けている．これを図6.18に示す．畳み込み符号では，影響を受けるブロックの数を拘束長と呼ぶ．畳み込み符号の符号化は，図6.19に示すような，シフトレジスタとタップ線およびXOR演算器か

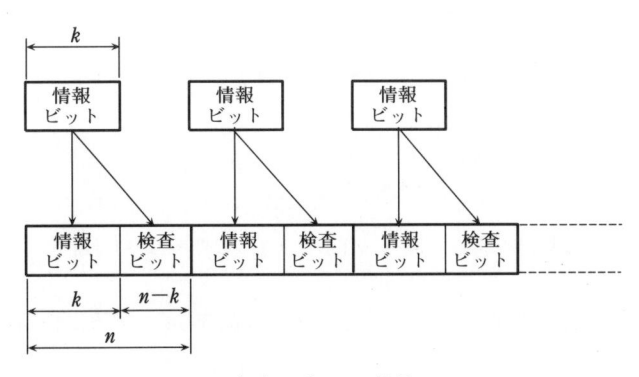

(a) ブロック符号

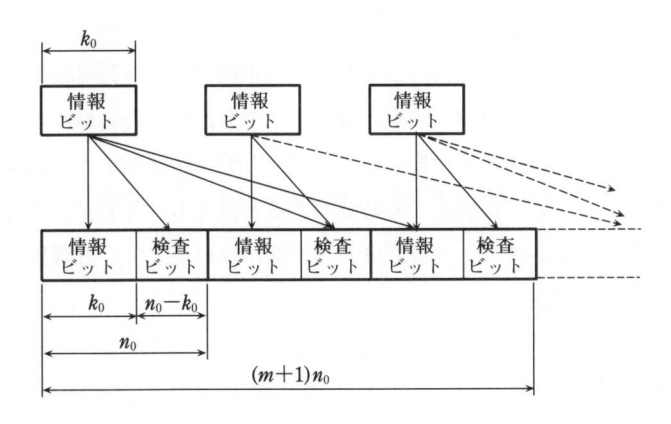

(b) 畳み込み符号

図6.18 (105, 52) 連接符号の構造

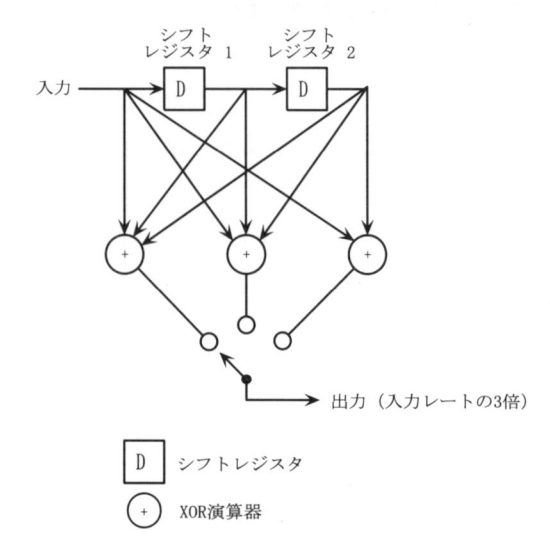

図 6.19 拘束長 3，ビットレート 1/3 の畳み込み符号器

らなる符号器で行われる．シフトレジスタの段数を m とすると，符号に影響を与えるブロック数は $(m+1)$ となり，これを拘束長と呼ぶ．ただし，拘束長にはいくつかの定義方法があり，シフトレジスタの段数 m を呼ぶこともある．

　平たく言えば，符号器は情報にある種の「癖」をつける特別なディジタルフィルタと考えられる．良い符号器，つまり誤り訂正能力の高い符号器となるためには，入力の情報パターンがほんの少し違うだけでも，出力の符号語が大きく変化するもので，情報理論的に言い換えるなら，ハミング距離が小さい情報をハミング距離が大きくなるように変換する必要があると言える．このような符号器を形成するためには，現在のところ確立された方法がないようで，計算機探索に頼らざるを得ないようだ．

　畳み込み符号を復号するには，統計的に最も確からしい値を求める最尤復号法が用いられ，通常「Viterbi アルゴリズム」で実現される．Viterbi アルゴリズムは，図 6.20 に示すトレリス線図と呼ばれる，シフトレジスタの状態遷移を記述したダイアグラムに基づき復号する．

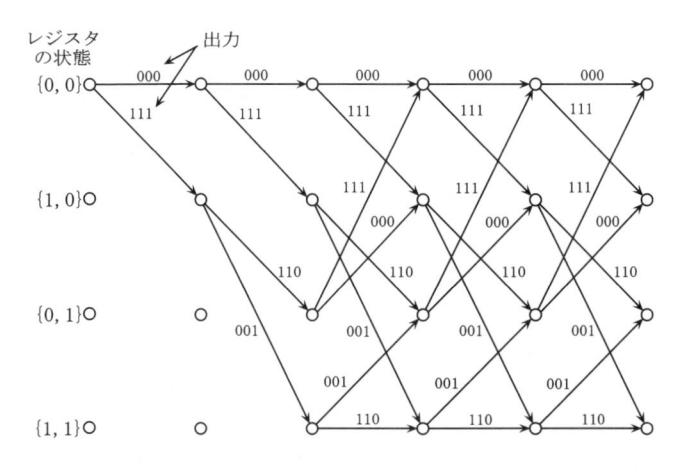

図 6.20　トレリス線図

　いま，図 6.19 に示すシフトレジスタの内部状態が {1, 0} であったと仮定する．すると，次のステップにシフトレジスタがとり得る可能性のある状態は，入力が 0 であれば {0, 1}，入力が 1 であれば {1, 1} となり，この 2 状態以外はあり得ない．このシフトレジスタの状態が遷移する可能性のある全状態へのパス（図中矢印で表示）と，その時の出力を付して記述したものがトレリス線図と呼ばれるものである．

　復号に当たっては，受信信号とトレリスパス上の出力を比較し，そのハミング距離を加算しながらたどっていき，ハミング距離の小さい方を選択しながら最後に生き残ったパス（生き残りパス）より逆算して情報を推定する．このような判定方法を硬判定（ハードデシジョン）と呼ぶ．判定方法には，ハミング距離に遷移確率を掛け合わせたメトリック（数学的距離）を用いる方法もあり，これを軟判定（ソフトデシジョン）と呼ぶ．硬判定と軟判定では，軟判定の方が計算時間がかかるものの，より高い誤り訂正能力を持つことが知られている．

　図 6.19 の畳み込み符号器で，硬判定しながらトレリスパスを書かせるプログラムを "conv_vt.m" に示す．このプログラムの実行画面と結果を図 6.21 に示す．この図より，ハミング距離の累計が小さい方を選択して生き残りパスが決定

conv_vt.m

```matlab
%   畳み込み符号&Viterbiアルゴリズム（硬判定使用）の
%   シミュレーション
%
%   Programed by Shinichi Ishizuka
%   Date:1999/10/28

% Bit rate, k/n = 1/3
n = 3;  % Codeword length
k = 1;  % Message width

L = input...
   ('Message Length (Ex:100) = ? ');
Lmem = input...
   ('Memory Length for Viterbi decoding (recommend:15) = ? ');
psw = input...
   ('Trellis Plot On/Off (On:1, Off:0) = ? ');
prob = input...
   ('Bit Error Probability (0~1,Ex:0.05) = ? ');

msg = randint(L,k,2);          % Random binary message
transfun = [7 7 5];            % Transfer function matrix

% Encode with Convolution encoder
code = encode(msg,n,k,'convol',transfun);

% Genarate & add error vector
err_vec = rand(size(code)) < prob;      % Error vector
berrp = sum(err_vec,1)/length(code);    % Bit Error Prob.
rec = xor(code,err_vec);                % Receive signal

% Decode with Viterbi Algorithm
recmsg = decode(rec,n,k,'convol',transfun,Lmem,[],psw);

% Calculate bit error rate
[numerrs,ratio] = biterr(recmsg, msg);
fprintf('\n \t %s %.3e %s %.3e \n',...
 'BER=',ratio,',under the Bit Error Probability:',berrp)
```

6.3 誤り訂正符号　**103**

```
Message Length (Ex:100) = ? 10
Memory Length for Viterbi decoding (recommend:15) = ? 5
Trellis Plot On/Off (On:1, Off:0) = ? 1
Bit Error Probability (0~1,Ex:0.05) = ? 0.05

BER = 0.000e+000 ,under the Bit Error Probability: 5.556e-002
```

(a) 実行計画

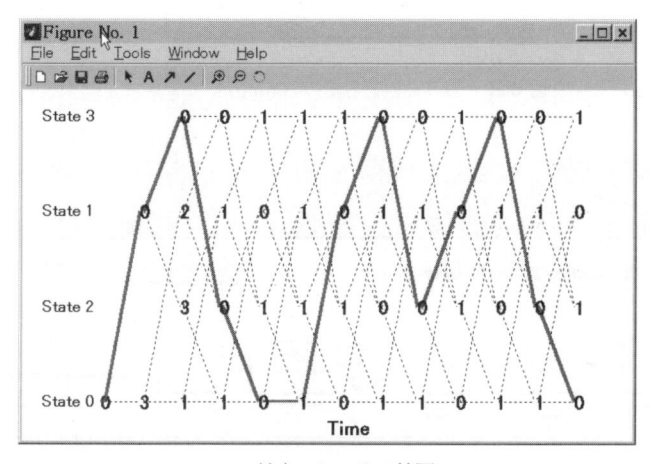

(b) トレリス線図

図 6.21　畳み込み符号 & Viterbi 復号とそのトレリス

されている様子がわかる．

　次に Simulink を用いて畳み込み符号の性質をもう少し詳しく確認しよう．Simulink はブロック線図でモデルを表現するため，図 6.19 の畳み込み符号器も，図 6.22 に示すように，直接的・直感的に表現できる．これを用いてシステムをモデル化したものを図 6.23 に示す．Viterbi アルゴリズムで復号する場合の生き残りパスを決定する際，比較する過去のステップ数（Traceback depth と呼ばれる）が多いほど正確な復号ができる．理論的には無限ステップである

104 6 MATLABによる符号の取り扱い

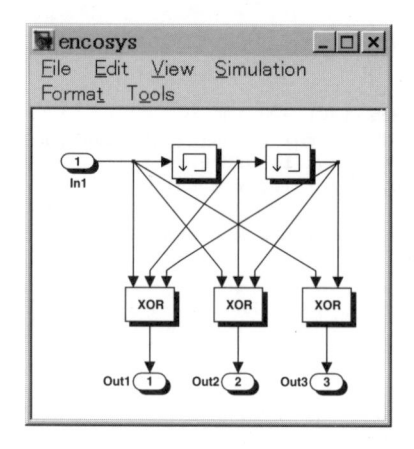

図 6.22 畳み込み符号器の Simulink モデル

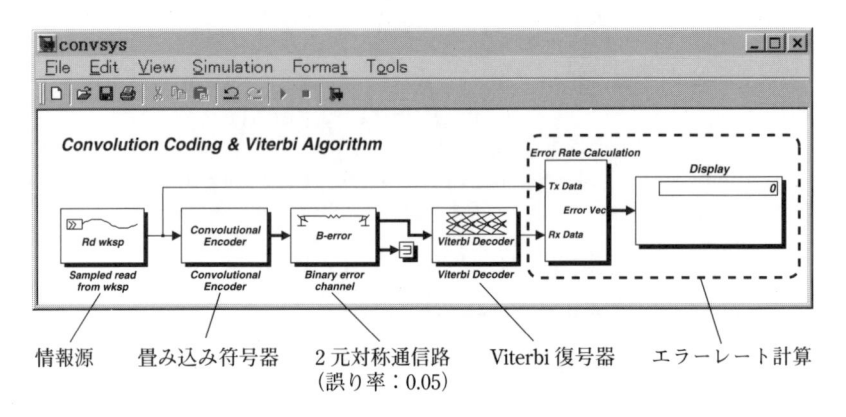

図 6.23 畳み込み符号器 & Viterbi 復号モデル

が，あまり多いと，復号にかかる時間が指数的に増えるばかりか，誤り訂正能力もほとんど変わらなくなってくる．Traceback depth の数は，LSI で実現する場合，直接回路規模に関係し，結果的にコストに影響を及ぼす．そのため，正確に復号でき，かつ少ない Traceback depth を見積もることが重要となる．一般的には，拘束長の 5 倍ほどとればよいと経験的に言われている．このことをシミュレーションで確認してみる．Traceback depth を 3（拘束長と同じ），15（経

験的推奨値),100 と変えた場合のビット誤り率を求めたものを図 6.24 に示す．ここで通信路は，誤り確率 0.05 の記憶のない二元対称通信路とする．Traceback depth を 3 から 15 にした場合では，ビット誤り率の改善は著しいが，15 から 100 にした場合は，ほとんど変化がないことがわかる．

畳み込み符号器は，「異なる入力パターンのハミング距離を大きくする」変換器である必要があった．一般に符号器の次数，つまりシフトレジスタの段数が多いほど誤り訂正能力は高くなる．しかし符号器の構造が不適切であると，次数が高くても良い符号器とはならない．この事実を確認してみよう．図 6.25 に示す符号器は不適切な符号器の一例である．これを先と同様に，Traceback depth

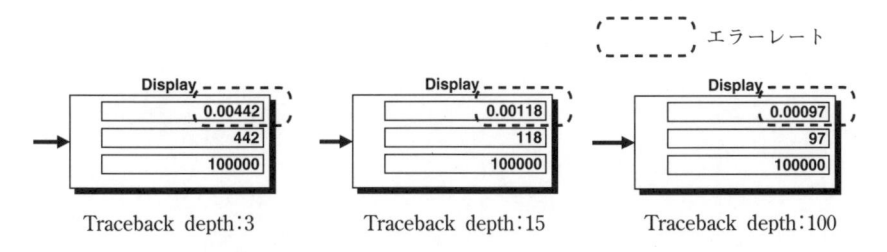

図 6.24　Traceback depth の違いによるエラーレートの変化

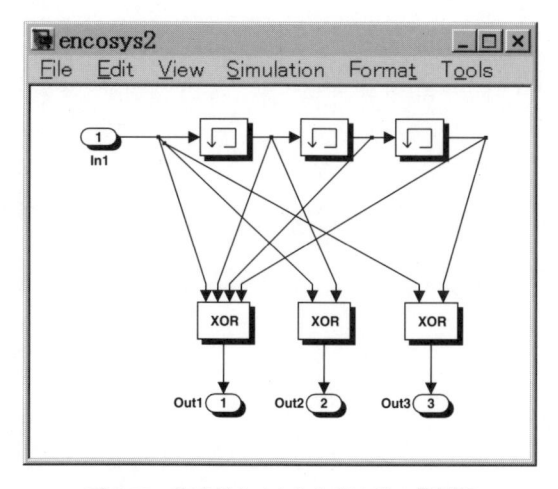

図 6.25　拘束長を 4 とした畳み込み符号器

106 6 MATLABによる符号の取り扱い

を100として十分な長さをとりシミュレーションを行うと，図6.26のような結果が得られ，ほとんど誤り訂正能力がないことがわかる．

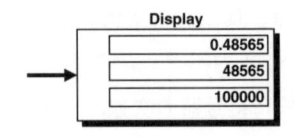

```
        Display
        ┌─────────┐
        │ 0.48565 │
     →  │   48565 │
        │  100000 │
        └─────────┘
```

図 6.26 不適切な符号器によるエラーレート（Traceback depsh: 100)

7

システムのシミュレーション

　図2.1のDS/CDMA，あるいは図2.7のFH/SS方式のシステムをSimulinkでシミュレーションし，その動作を確認する．

7.1　直接拡散方式（DS/CDMA）

7.1.1　シングルユーザアクセス

　図2.1で示したDS/CDMA方式を，シングルユーザでアクセスした場合のSimulinkでモデルを図7.1に示す．シミュレーションで用いたシステムの主なパラメータを以下に示す．

- 一次変調　　　　：BPSK
- キャリア周波数：50（Hz）
- 拡散符号　　　　：M系列／直交符号
- シンボルレート：1（Hz）
- チップレート　　：20（Hz）
- 通信路ノイズ　　：AWGN

　ここでは，シンボルレート，キャリアとも，実システムとはかけ離れた値を用いているが，これはスペクトル拡散通信の特徴である．スペクトルの変化をわか

108 7 システムのシミュレーション

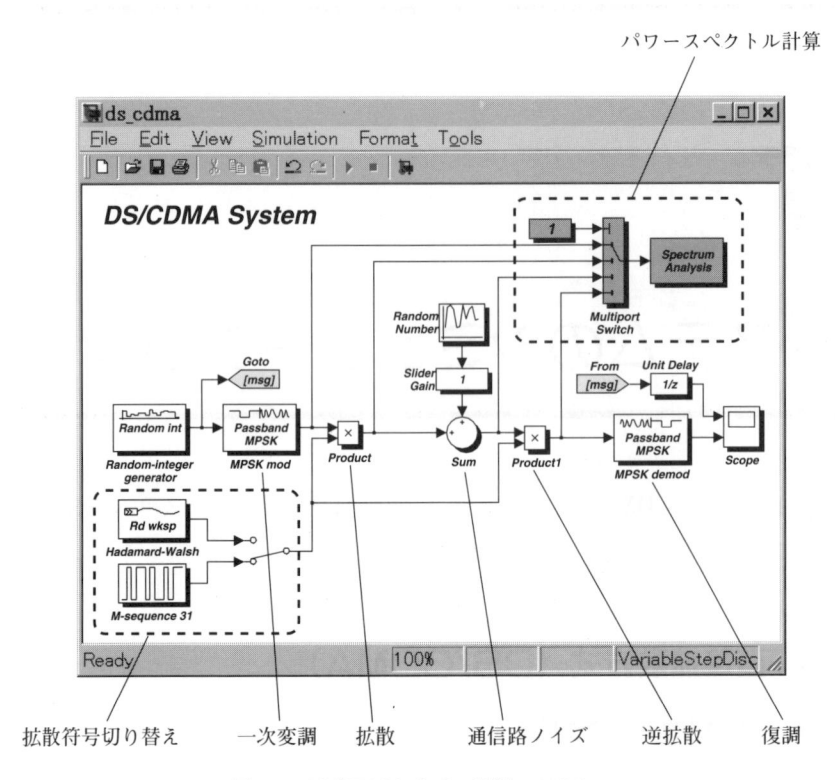

図7.1 DS/CDMA 方式の通信システム

りやすいように考慮したためで，Simulink 自体は実パラメータでのシミュレーションも十分可能である．シミュレーションにおいて，パラメータを正規化することはよくあることで，このようにしてもシステムの本質の解析には何ら支障はないことを付しておく．このモデルは DS/CDMA の特徴であるスペクトルの変化をわかりやすくするため，帯域制限フィルタは割愛した．

モデルの概略を説明する．情報源はあらかじめディジタル化されたものとし，2値データがランダムに発生する．それを BPSK で一次変調（パスバンド）し，さらに拡散符号で拡散変調している．拡散符号は，6.2節で論じた M 系列および直交符号をスイッチで選択できるようにしてある．拡散された信号は，その後

7.1 直接拡散方式（DS/CDMA）

通信路でホワイトノイズが付加され受信側に至る．ホワイトノイズの大きさは，シミュレーション中でも可変できるよう，調整用のゲイン（Slider Gain）が介されている．受信した信号は，送信側で用いた同じ拡散符号で逆拡散し復調される．また，DS/CDMA の特徴であるスペクトルの変化が観測ができるよう，各処理段階における信号のパワースペクトルを計算するブロック群を用いている．

図 7.2 に拡散符号として M 系列を用いてシミュレーションした場合の各処理段階のパワースペクトルを示す．

（a） 一次変調：1 次変調では BPSK のため，狭帯域のメインローブを中心に，サイドローブが広がっている．

（b） 拡散変調：M 系列で拡散変調をすると，M 系列の良好な白色性（自己相関関数がインパルス的）により広帯域に拡散している．

（a） 一次変調 　　　　　　　　　（b） 拡散変調

（c） 通信路通過後 　　　　　　　（d） 逆拡散

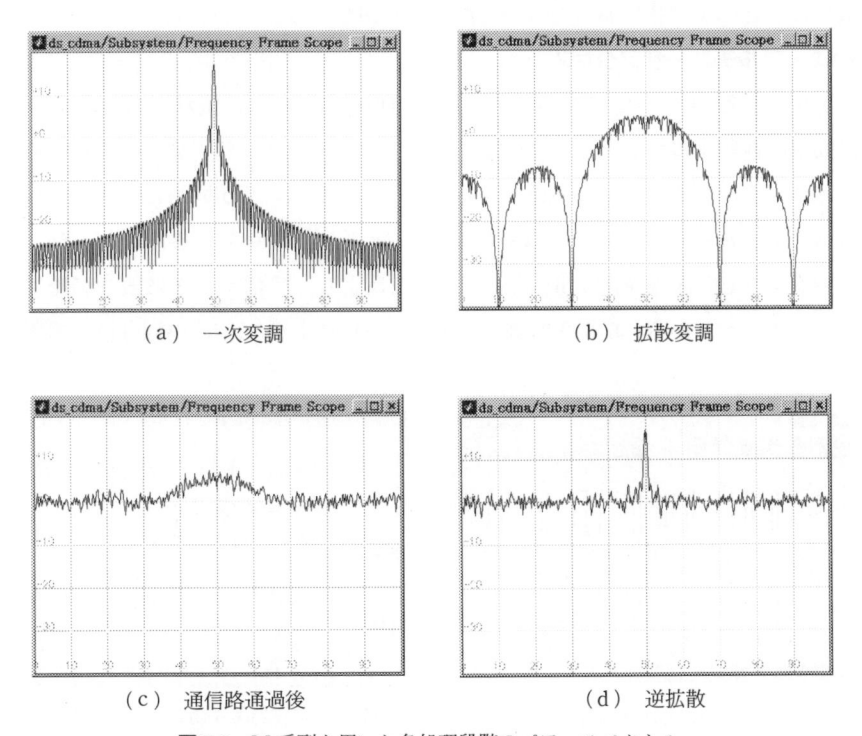

図 7.2　M 系列を用いた各処理段階のパワースペクトル

(c) 通信路通過後：その後，通信路でガウス性白色ノイズが付加されスペクトルが埋もれているが，ノイズはもともと広帯域でフラットであるため，スペクトルの広がりには顕著な変化は見られない．

(d) 逆拡散：この信号を逆拡散すると，メインローブが再び出現する．

メインローブが顕著であるので，このシステムでは通信が可能となる．図7.3に送受信信号を示す．

次に拡散符号を直交符号に変えた場合の拡散変調後の信号のスペクトルを図7.4に示す．M系列と比較し，スペクトルの拡散が不均一であることがわかる．これよりDS/CDMAが結果的に得られるスペクトル拡散通信の特徴の一つである，秘匿性が期待できないことがわかる．これは6.2.3項に示したように，直交符号の自己相関関数の性質に起因するものであり，直交符号は「スペクトルを拡散する」という意味においては適さないことがわかる．

7.1.2 マルチユーザアクセス

前項で拡散符号としてM系列を用いたDS/CDMAは，優れたスペクトル拡散通信の性質を持つことを確認した．それではマルチユーザでアクセスした場合はどのような性質を示すかを確認する．図7.5に7ユーザが同時にアクセスした場合のモデルを示す．ここでは拡散符号にM系列を用いている．これをシミュレーションした結果を図7.6(a)に示す．これより，受信データに誤りが発生していることがわかる．6.6.2項および前項に示したように，M系列は自己相関関

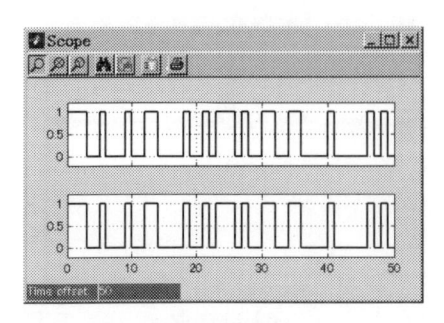

図7.3　送受信信号

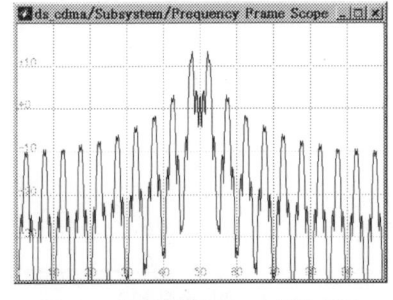

図7.4　直交符号を用いた拡散変調のパワースペクトル

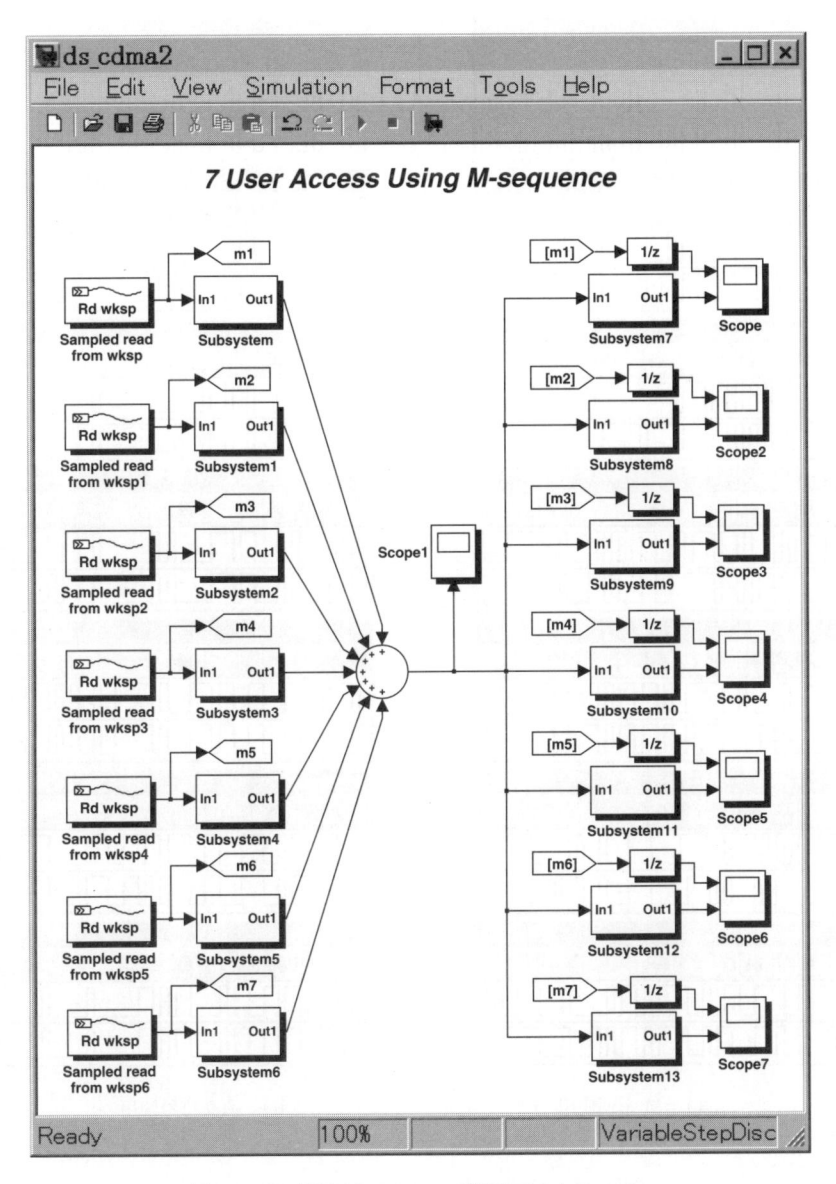

図 7.5　DS/CDMA の 7 ユーザ同時アクセスモデル

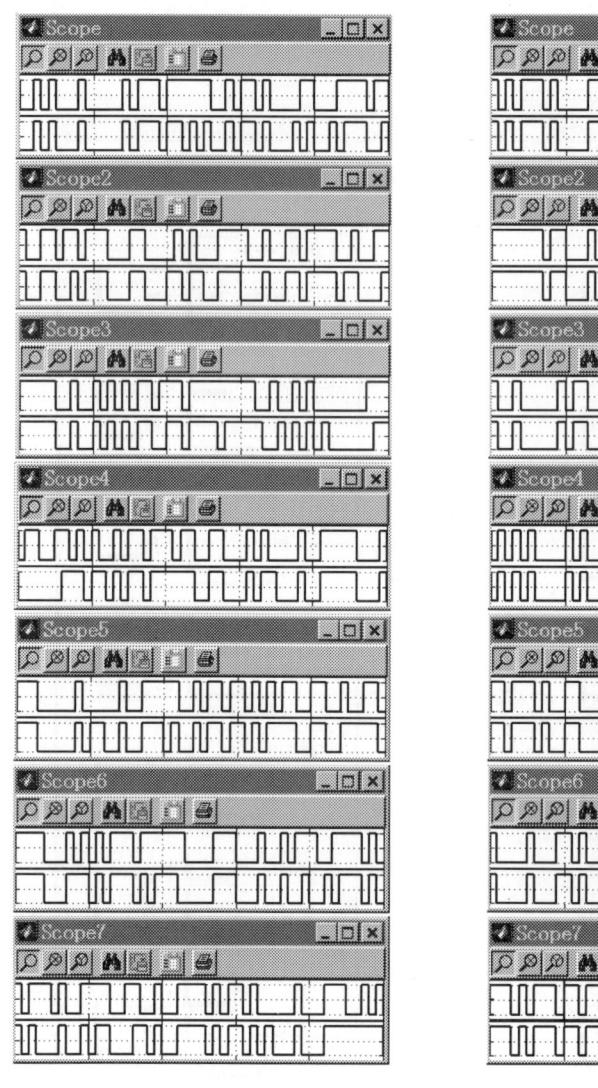

112　7　システムのシミュレーション

(a)　M系列使用 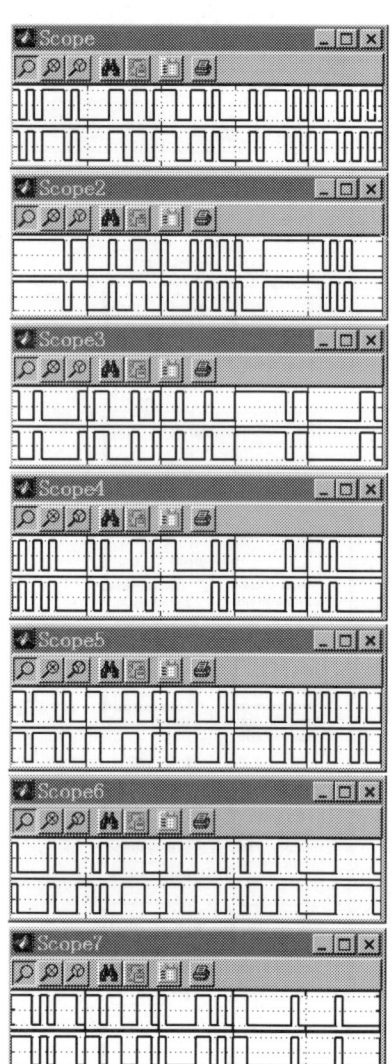　　　　　　　　　　(b)　直交符号使用

図7.6　ユーザ同時アクセス時の送受信結果

数には優れた性質を示すものの，他のM系列同士を比較した場合，その相互相関は決して低いものではなく，結果的に干渉を生み誤りを引き起こす．これらの理論的は背景は，2.2.1項を参照されたし．

同様に，直交符号を用いて7ユーザ同時アクセスした結果を図7.6(b)に示す．直交符号はその名の通り，「符号が直交」しているため，完全にユーザを分離して誤りのない通信が可能であることがわかる．直交符号はまたM系列と異なり，符号の数が多い（長さと同じ数だけ存在する）こともアクセス数を増やす上で重要である．このように直交符号は，スペクトルを拡散するという意味においては適していないが，ユーザを分離して多元接続する上で非常に優れた符号と言える．

7.2 周波数ホッピング方式（FH/SS）

スペクトル拡散通信の中で，DS/CDMA方式と並んで代表的な，2.1.2項で紹介された周波数ホッピング方式（FH/SS）のシステムをシミュレーションする．FH/SSはDS/CDMAと異なり実用になった例が少なく，定番的なシステムが存在しないように思えるが，ここではBell電話研究所から発表された，FH/MFSKシステムを用いている[23]．システムの概略図を図7.7に示す．

このシステムの送信機側の動作を図7.8に，受信機側の動作を図7.9に示す．はじめに送信機側の動作（図7.8）を説明する．送信データはシンボル長T_dの

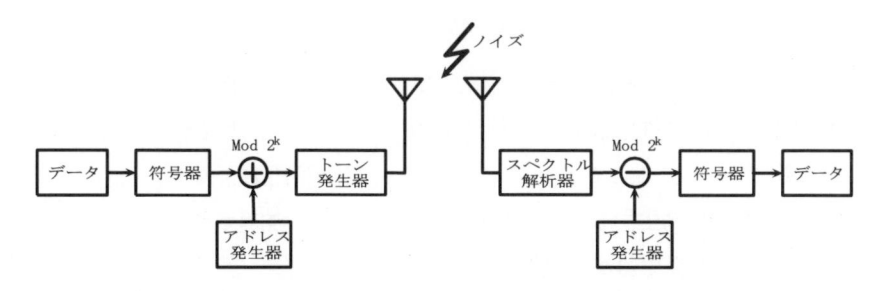

図7.7 FH/MFSKシステムの構成図

図7.8 送信機側の動作

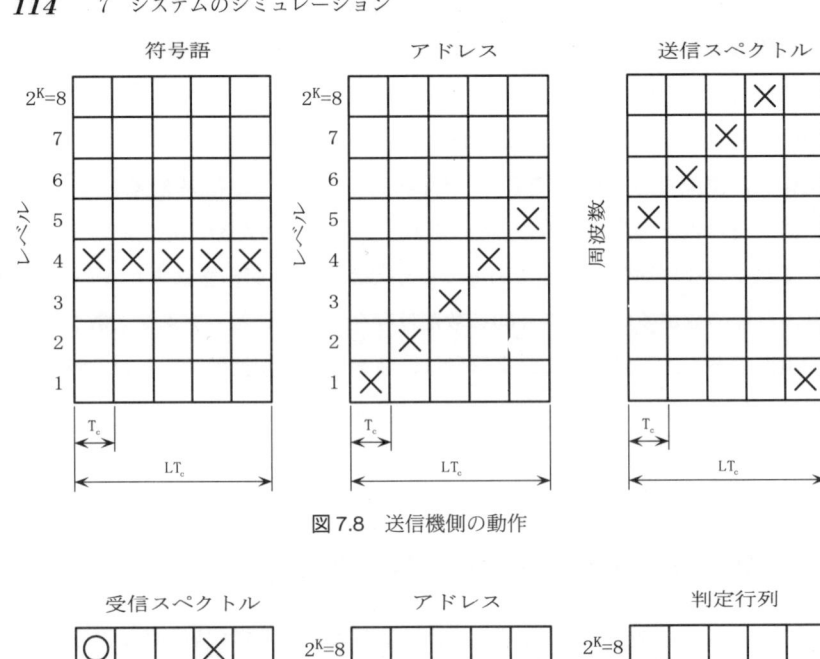

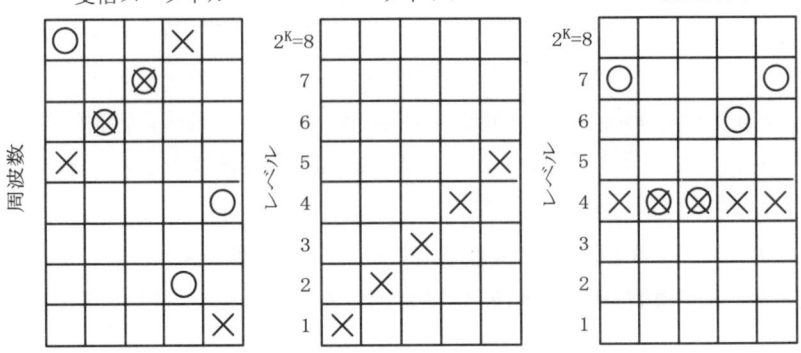

図7.9 受信機側の動作

2値データである.符号器はデータを K ビットずつ蓄え,2^K のレベルを持つ符号語に変換し,同じ符号語を L チップ分生成する.ここでは $K=3$ とし,8レベルに変換している.ここでチップレート T は $T_c=KT_d/L$ となる.符号語は,適当な FH 系列を発生するアドレス発生器と $\mathrm{mod}\, 2^K$ で加算され,これに対応した周波数がトーン発生器から発生される.

次に受信機の動作(図7.9)を説明する.受信信号はスペクトル解析器によっ

7.2 周波数ホッピング方式（FH/SS）　**115**

て，周波数からレベルに変換される．このとき，ノイズや他局の干渉波が混入しており，その影響を○印で記す．送信側と同じアドレスを発生するアドレス発生器により $\mod 2^K$ 減算すると，ノイズや干渉波は多くのレベルに分散するが，希望のレベルは同一となる．それを復号器で多数決判定をして符号語を決定し，2^K のレベルから 2 値データに変換して基のデータが復元される．

7.2.1 Simulink によるモデル

図 7.7 のシステムの Simulink モデルを図 7.10 に示す．ここでのモデル化のポイントは，Simulink の持つ "Subsystem" と呼ばれる階層化機能で作られた，

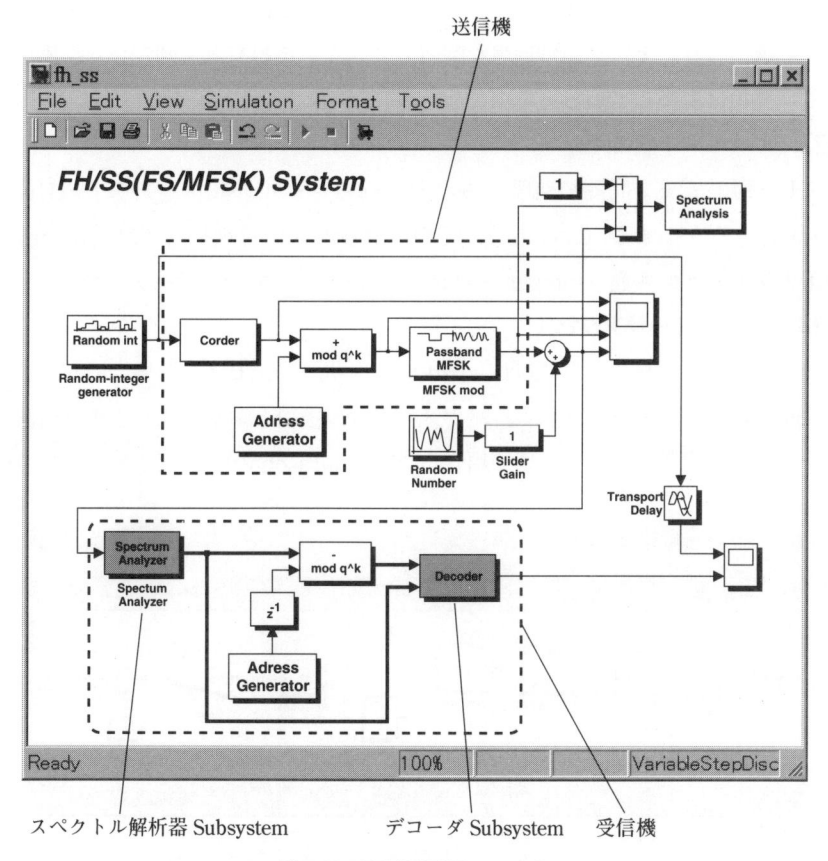

図 7.10　FH/MFSK システム

受信機側のスペクトル解析器とデコーダである．この Subsystem を用いることにより，機能ブロック群をまとめることができ，また部品としても利用できる．それぞれの Subsystem の概要を解説する．

(1) スペクトル解析器 Subsystem：図 7.11

Simulink では様々なスペクトル解析ブロックが用意されているが，ここでは FFT ベースのブロックを用いている．適当なサンプリングタイムでサンプリングし（Zero-Order Hold），FFT の処理長さに合わせてデータがバッファにためられ（Buffer），FFT 処理される（Short-Time FFT）．その後，キャリアの分解能と必要な帯域に合わせてデータが選択される（Selector）．以降のブロック群は，選択されたデータから適当な閾値でスペクトルの有無を判定して，周波数からレベルに変換している．

(2) デコーダ：図 7.12

FH 系列のチップ間隔で前段から出力されるレベルの頻度を計算し（Histogram），カウントする（Counter）．その中から最大値を選択し（Maximum），バイナリデータに変換（Integer scalar to vector）して受信データとする．

7.2.2 マルチユーザアクセス

前項で説明したシステムに対し，マルチユーザでアクセスした場合のシステムの性能をシミュレーションする．パラメータは以下のとおりとする．また周波数ホッピング系列として 6.2.4 項で紹介した，Einarsson の同期システムに対する

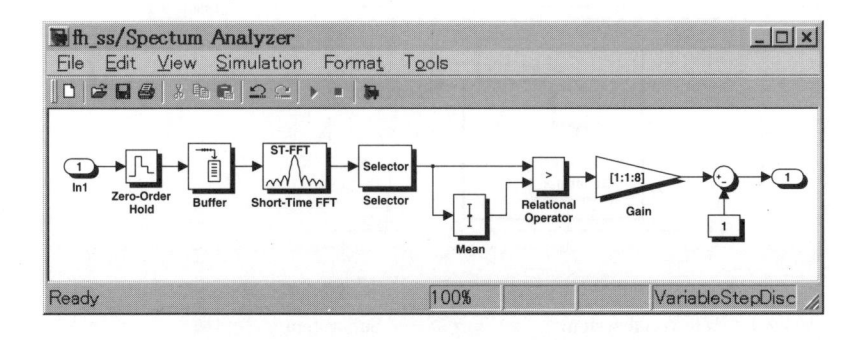

図 7.11 スペクトル解析器 Subsystem の構造

7.2 周波数ホッピング方式（FH/SS）

系列を用いることにする．

- データレート，T_d：1 (Hz)
- キャリア周波数　　：10 (Hz)
- FH 系列　　　　　：Einarsson の同期系列
- 発生可能トーン数：$K=3$，$2^K=8$

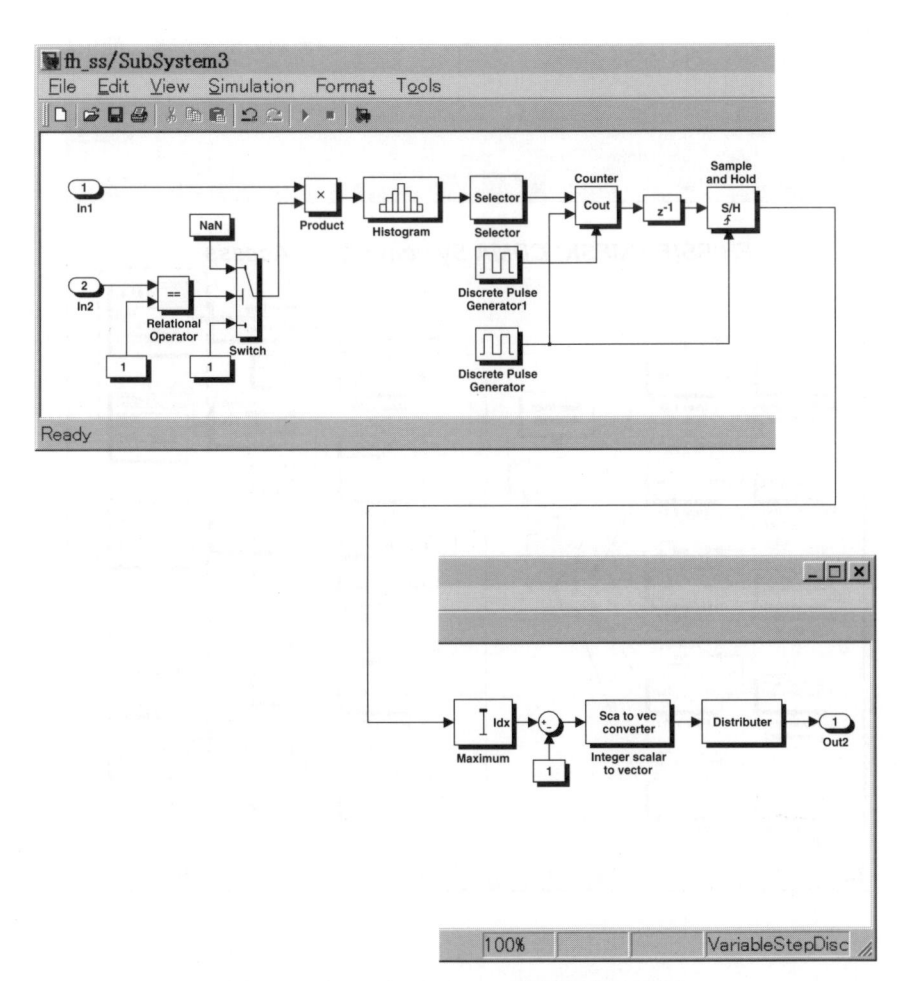

図 7.12　デコーダ Subsystem（多数決判定と復号）

118　7　システムのシミュレーション

- トーン数, L　　　　：5
- トーン間隔　　　　：$L/(K^*T_d)$，直交関係
- 通信路ノイズ　　　：AWGN

図 7.13 にモデルを示す．シミュレーションの結果，エラーレートが 5％ 程度でそれぞれのユーザが通信可能なことがわかる．今回用いた FH 系列は，最大 7 ユーザまでチャネル割り当てが可能である．参考までに 7 ユーザ同時アクセスした場合のエラーレートをシミュレーションすると，周波数の衝突が多く発生し，

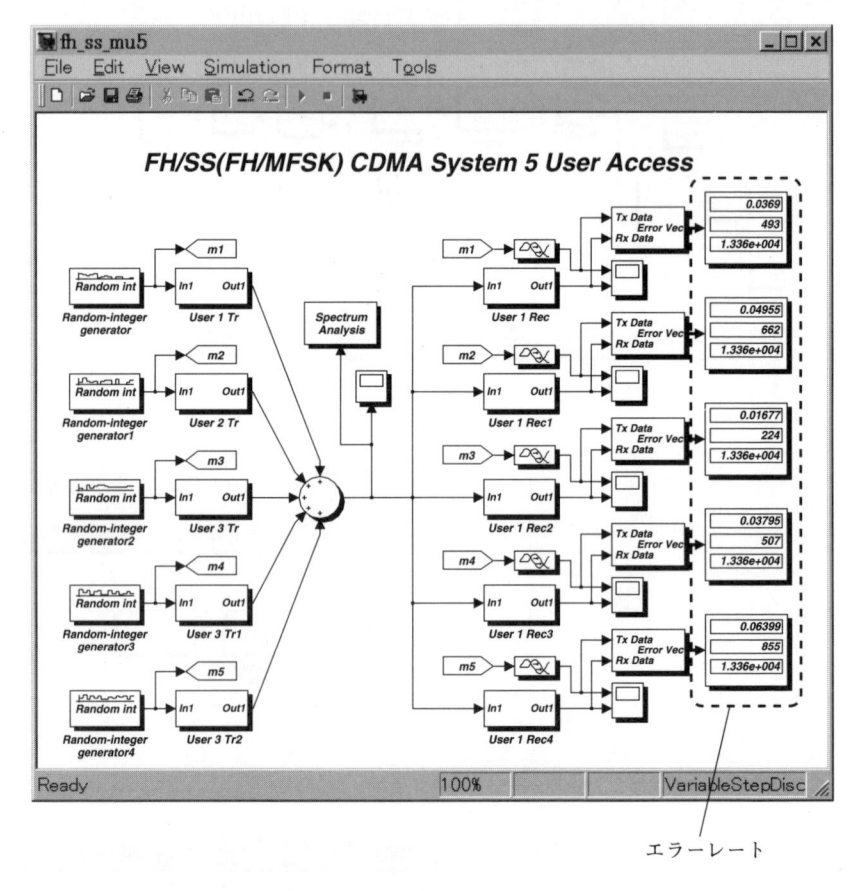

図 7.13　FH/MFSK の 5 ユーザ同時アクセスモデル

7.2 周波数ホッピング方式 (FH/SS) **119**

図 7.14 に示すとおり，およそ 20% となり急激にエラーレートが増えることがわかる．この場合，6.3 節の誤り訂正符号の併用が重要になる．巻末の CD-ROM には同プログラムが入っているので，MATLAB をお持ちの方はシミュレーションすると周波数の衝突も確認できるので試されたい．

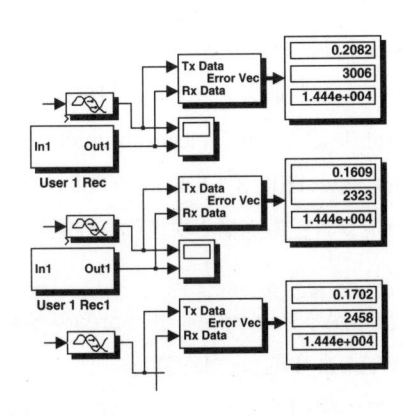

図 7.14　7 ユーザ同時アクセス時のエラーレート

参考文献

(第1章〜第4章)

〈著書〉
[1] 奥村善久, 進士昌明『移動通信の基礎』電子情報通信学会 (1986)
[2] 横山光雄『スペクトル拡散通信システム』科学技術出版社 (1988)
[3] W. C. Y. Lee, "Mobile Cellular Telecommunications: Analog and Digital Systems", McGraw-Hill, 2nd Edition, Tokyo (1989)
[4] 山内雪路『スペクトラム拡散通信：次世代高性能通信に向けて』東京電機大学出版局 (1994)
[5] A. J. Viterbi, "CDMA: Principles of Spread Spectrum Communication", Addison-Wesles, Tokyo (1995)
[6] 丸林 元, 中川正雄, 河野隆二『スペクトル拡散通信とその応用』電子情報通信学会 (1998)
[7] 大石進一編著『電子情報通信と数学』電子情報通信学会 (1998)
[8] 『データ圧縮とデジタル変調98年版：デジタル変調編』日経BP (1998)
[9] 笹瀬巌監修『次世代デジタル変復調技術』トリケプス (1996)

〈論文〉
[10] W. C. Y. Lee, "Overview of Cellular CDMA", IEEE Trans. on Vehi. Tech., vol. 40, no. 2, pp. 291-302 (May 1991)
[11] K. S. Gilhousen, I. M. Jacobs, R. Padovani, A. J. Viterbi, L. A. Weaver, and C. E. Wheatley III, "On the Capacity of a Cellular CDMA System", IEEE Trans. on Vehi. Tech., vol. 40, no. 2, pp. 303-312 (May 1991)
[12] A. Salmasi and K. S. Gilhousen, "On the Design Aspects of Code Division Multiple Access (CDMA) Applied to Digital Cellular and Personal Communications Networks", IEEE Vehi. Tech. Conf., pp. 57-62 (1991)

[13]　Y. Sanada and Q. Wang, "A Co-channel Interference Cancellation Technique using Orthogonal Convolutional Codes on Multipath Rayleigh Fading Channel", IEEE Trans. Veh. Technol., vol. 46, no. 1, pp. 114-128（Feb. 1997）

[14]　鈴木　博「移動体通信技術の現状と動向」電子技術, pp. 2-6（1997.6）

[15]　山里敬也「CDMAの基礎とこれからの展望」電子技術, pp. 7-12（1997.6）

[16]　A. J. Viterbi : "When Not to Spread Spectrum—a Sequel", IEEE Commun. Magazine, vol. 23, no. 4, pp. 12-17（April 1985）

[17]　鈴木　博, 真田幸俊「スペクトル拡散信号伝送技術」MWE' 97, pp. 371-380（1997.12）

[18]　石塚真一「CDMAシステムと拡散符号」Interface, pp. 87-92（1998.7）

[19]　電子情報通信学会「小特集：次世代の移動通信」電子情報通信学会誌（1999.2）

[20]　"Wideband CDMA", IEEE Communications Magazine（Sept. 1998）

[21]　J. E. Padgett, C. G. Gunther, and T. Hattori, "Overview of Wireless Personal Communications", IEEE Communications Magazine, vol. 33, no. 1, pp. 28-41（Jan. 1995）

〈その他〉

[22]　郵政省『報道発表資料：電気通信』
　　　http://www.mpt.go.jp/pressrelease/japanese/denki/index.html

[23]　（株）NTT移動通信網：
　　　http://info.ntt.co.jp/group/NewsRelease/index.html
　　　http://www.nttdocomo.co.jp/corporate/rd/tech/index.html

[24]　ITU:http://www.itu.int/imt/

[25]　3 GPP:http://www.3gpp.org/

[26]　3 GPP 2:http://www.3gpp2.org/

（第５章～第７章）

[１] 石塚真一「MATLABによる符号理論」MATLAB通信技術カンファレンス（1998）
[２] 石塚真一「CDMAシステムと拡散符号」Interface, pp. 87-92（1998.7）
[３] 石塚真一「符号理論体験―基礎編」Interface, pp. 174-178（1998.9）
[４] 石塚真一「符号理論体験―実践編」Interface, pp. 187-192（1998.10）
[５] 八嶋弘幸『誤り訂正技術とその設計手法および具体例』日本テクノセンター（1996）
[６] 植松友彦他「Cで試して学ぶ誤り訂正符号の基礎」Interface（1996.5～1997.5）
[７] 今井秀樹『情報数学』昭晃堂（1996）
[８] 今井秀樹『情報理論』昭晃堂（1996）
[９] 今井秀樹『符号理論』電子情報通信学会（1994）
[10] 大石進一『電予情報通信と数学』電子情報通信学会（1998）
[11] 岩垂好裕『符号理論入門』昭晃堂（1995）
[12] 柏木　潤『M系列とその応用』昭晃堂（1996）
[13] 石田　信『代数学入門』実教出版
[14] 成田正雄『初等代数学』共立出版（1983）
[15] 横山光男『スペクトル拡散通信システム』科学技術出版社（1988）
[16] Ramjee Prasad『CDMA移動通信システム』科学技術出版社（1997）
[17] 丸山元他『スペクトル拡散通信とその応用』電子情報通信学会（1998）
[18] 笹岡秀一『移動通信』オーム社（1998）
[19] Haykin Simon, "Communications System", John Wiley & Sons, Inc（1994）
[20] Leon W. Couch II, "Digital and analog communications systems", Prentice Hall

[21] John G. Proakis and Masoud Salehi, "Contemporary Communicaoion System Using MATLAB", PWS Publishing･Company

[22] David HAREL, "STATECHARTS: A VISUAL FORMALISM FOR COMPLEX SYSTEMS", Elsevier Science Publishers B. B., pp. 231-274 (1987)

[23] D. J. Goodman, P. S. Henry and V. K. Prabhu, "Frequency-hopped multilavel FSK for mobile radio", Bell Syst. Tech. J., pp. 1257-1275 (September 1980)

付録 1　MATLAB の基本

　ここでは MATLAB の基本を解説する．MATLAB は非常に柔軟なソフトウェアで，その使用法は大変広範囲にわたる．しかし通信システムの解析・シミュレーションを行うという目的に対しては，ごく基本的な操作方法さえ収得すれば十分であり，ごく短期間で収得できる．ここではそのような目的で以下の 4 項目を解説する．

　　A 1.1　変数の定義方法
　　A 1.2　行列操作と演算関数の使用法
　　A 1.3　プロットの方法
　　A 1.4　M-ファイルの作成法

A1.1　変数の定義方法

　MATLAB では数値データは基本的に行列として取り扱う．ベクトルは 1 行 n 列，または n 行 1 列の行列として，スカラーは 1 行 1 列の行列として，すべて行列の仲間として考える．また変数の型（整数，実数，複素数等）や配列の大きさを宣言する必要もなく，定義したデータによって自動的に割り当てられる．MATLAB へのデータ入力には，次の 2 つの方法が基本である．

（1）マニュアルによる方法
（2）MATLABの関数を使って作成する方法

A1.1.1 マニュアルによる方法

MATLABのコマンドプロンプト"≫"に対して直接キーボード入力する方法で，次の規則がある．

- 各要素は**ブランク，タブ**，または**カンマ**で区切る．
- 要素全体を鍵括弧 [ ] で囲む．
- 各行はセミコロン";"，またはキャリッジリターンで区切る．
- ステートメントの最後に**ピリオドを3つ以上**付けると，次の行への継続となる．
- ステートメントの最後にセミコロン";"を付けると，結果の表示を抑制する．

次の3行3列の実数行列 A に対して，2通りの方法でデータを定義する．

$$A = \begin{bmatrix} 1 & 2 & 3 \\ 4 & 5 & 6 \\ 7 & 8 & 0 \end{bmatrix}$$

- ケース1：1行で定義

≫ A = [1 2 3; 4 5 6; 7 8 0]　または　≫ A = [1, 2, 3: 4, 5, 6; 7, 8, 0]

```
A =
     1    2    3
     4    5    6
     7    8    0
```

- ケース2：複数行に分けて定義

```
≫ A = [                    ≫ A = [
1 2 3                      1, 2, 3
4 5 6         または        4, 5, 6
7 8 0                      7, 8, 0
```

A =
    1   2   3
    4   5   6
    7   8   0

スクリーンへの表示を抑制するために，最後にセミコロン"；"を付けて定義する．

● スクリーンへの表示を抑制

```
» A = [1+i 2+3i; 3+2i 4+4i];
» A = [
1 2 3
4 5 6
7 8 0
];
```

以下の複素数行列 F に対しても，虚数単位"i"または"j"を用いて，同様に定義できる．

$$F = \begin{bmatrix} 1+i & 2+3i \\ 3+2i & 4+4i \end{bmatrix}$$

● 複素数行列を定義

```
» F = [1+i 2+3i; 3+2i 4+4i]   または   » F = [1+j 2+3j; 3+2j 4+4j]
  F =
     1.0000+1.0000i    2.0000+3.0000i
     3.0000+2.0000i    4.0000+4.0000i
```

A1.1.2 MATLAB の関数を使って作成する方法

MATLABには表A1.1に示すとおり，単位行列や乱数の発生など，様々なデータを作成・定義する関数がある．

これらの関数の使用法をいくつか説明する．

付録1　MATLABの基本

表 A1.1　データの作成・定義関数と演算子

zeros	零行列	rand	一様分布する乱数
ones	1行列	randn	正規分布する乱数
eye	単位行列	linspace	線形等間隔ベクトル
diag	対角行列	logspace	対数等間隔ベクトル
magic	魔方陣	:	等間隔ベクトル

● 2行3列の零行列を定義

```
» zeros(2,3)
  ans =
     0   0   0
     0   0   0
```

● 3行3列のすべてが1の行列を定義

```
» ones(3)
  ans =
     1   1   1
     1   1   1
     1   1   1
```

● 3行3列の単位行列を定義

```
» eye(3)
  ans =
     1   0   0
     0   1   0
     0   0   1
```

● 対角行列を定義

```
» diag([ 7 2])
  ans =
```

A1.1 変数の定義方法

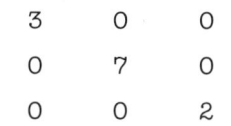

```
    3    0    0
    0    7    0
    0    0    2
```

● 一様分布する 5 個の乱数（ノイズに相当）を定義

» rand(1,5)

  ans =

    0.9501   0.2311   0.6068   0.4860   0.8913

● 正規分布する 5 個の乱数を定義

» randn(1,5)

  ans =

    −0.4326   −1.6656   0.1253   0.2877   −1.1465

等間隔ベクトルデータは演算子 " : " を用いて次のフォーマットで定義できる．

» 初期値：増分：最終値

以下に使用例を示す．

● 等間隔ベクトルデータ $\{1,2,3,\cdots,8,9,10\}$ を定義

» h = 1 : 1 : 10　　または増分を省略して　　» h = 1 : 10

  h =

    1   2   3   4   5   6   7   8   9   10

● 等間隔ベクトルデータ $\{2,4,6,8,10\}$ を定義

» h = 2 : 2 : 10

  h =

    2   4   6   8   10

● 等間隔ベクトルデータ $\{10,9,8,\cdots,3,2,1\}$ を定義

» h = 10 : −1 : 1

  h =

    10   9   8   7   6   5   4   3   2   1

A1.2 データ操作と演算/関数の使用法

データが定義できると関数・演算子を用いて，データを入れ替えたり数値計算が可能となる．ここでは簡単な例を用いて確認する．

A1.2.1 データ操作

表 A1.2 にデータ操作をする関数・演算子の代表例を挙げる．

表 A1.2 の関数・演算子の中で，データのインデックス操作をする演算子 ":" は非常に便利で，特に多チャンネルや大量のデータ操作を行うのに有用である．ここではこの操作を中心に説明する．

はじめに次に示すように小行列 A, B, C, D を元に大きな行列 E を作成する．

$$E = \begin{bmatrix} A & B \\ C & D \end{bmatrix}$$

● 行列の結合

```
» A = [1 2 1; 3 4 0; 0 0 1];
» B = zeros(3,2);
» C = ones(2,3);
» D = diag([2,3]);
» E = [A B; C D]
  E =
     1  2  1 : 0  0
     3  4  0 : 0  0
     ............
     0  0  1 : 0  0
     1  1  1 : 2  0
     1  1  1 : 0  3
```

行列の行と列を指定することで，行列から小さな行列や要素を抽出することができる．行列 E の i 行 j 列の要素，E_{ij} を抜き出すには "E(i,j)" と指定する．

A 1.2 データ操作と演算/関数の使用法

表 A1.2 データ操作をする関数・演算子

size	行列の大きさ	reshape	行列のサイズ変更
length	ベクトルの長さ	flipud	行列の入れ替え（上下方向）
:	要素の等間隔インデックス	fliplr	行列の入れ替え（左右方向）
A'	行列 A の共役転置	rot90	行列の 90 度回転
A.'	行列 A の転置		

● 行列 E の 2 行 1 列目の要素 E_{21} を抽出

```
» E(2,1)
ans =
     3
```

すべての行，または列を指定する場合は演算子 " : " を用いて以下のように指定する．

● 行列の 2 行目のすべての列を抽出

```
» (2,:)
ans =
     3    4    0    0    0
```

● 行列 E の 1 行目と 2 行目のすべての列を抽出

```
» E([1 3],:)
ans =
     1    2    1    0    0
     0    0    1    0    0
```

● 行列 E の 1 行目と 3 行目に対して 2 列目から 4 列目を抽出

```
» E([1 3],2:4)    または   » E([1 3], [2 3 4])
ans =
     2    1    0
     0    1    0
```

付録1　MATLABの基本

A1.2.2　演算

MATLABには多くの高機能演算関数が提供されている．ここではその使用法を以下の4つに分けて解説する．

（1）基本的演算
（2）スカラー関数
（3）多項式関数
（4）行列関数
（5）その他のユーティリティ

（1）基本的演算

表A1.3に四則演算等の基本的演算子の代表例を挙げる．
ここでは以下の行列 A, B に対して四則演算を行う．

$$A = \begin{bmatrix} 1 & 2 & 3 \\ 4 & 5 & 6 \\ 7 & 8 & 0 \end{bmatrix}, \quad B = \begin{bmatrix} 8 & 1 & 6 \\ 3 & 5 & 7 \\ 4 & 9 & 2 \end{bmatrix}$$

● あらかじめデータを定義
```
» A = [1 2 3;4 5 6;7 8 0];
» B = [8 1 6;3 5 7;4 9 2];
```
● 加算・減算

» A + B	» A − B
ans =	ans =
9　　3　　9	−7　　1　−3
7　10　13	1　　0　−1
11　17　　2	3　−1　−2

● 乗算・除算

» A * B	» B * A
ans =	ans =

表 A1.3 基本的演算子

+	加算
−	減算
*	行列積
/	行列の除算（右割り：右から一般化逆行列を乗ずる）
\	行列の除算（左割り：左から一般化逆行列を乗ずる）
.*	要素間の乗算
./	要素間の除算（右割り）
.\	要素間の除算（左割り）
^	行列のベキ乗
.^	要素のベキ乗

```
        26    38    26                54    69    30
        71    83    71                72    87    39
        80    47    98                54    69    66
» A / B                       » B \ A
ans =                         ans =
   -0.0333   0.4667  -0.0333     0.0167   0.0833  -0.4250
    0.1667   0.6667   0.1667     0.7667   0.8333  -0.0500
    0.5417  -0.8333   1.2917     0.0167   0.0833   1.0750
» B / A                       » A \ B
ans =                         ans =
  -13.3333   7.6667  -1.3333   -12.0000   1.6667  -4.6667
    1.6667   0.3333   0.0000    11.0000  -0.3333   4.3333
    6.6667  -3.0000   1.3333    -0.6667   0.0000   0.6667
```

注意：行列同士の乗算・除算では行列の左右を入れ替えると一般的には答が異なる（交換則が成り立たない）．演算規則を以下に記す．

$$A = \begin{bmatrix} a_{11} & a_{12} & a_{13} \\ a_{21} & a_{22} & a_{23} \\ a_{31} & a_{32} & a_{33} \end{bmatrix}, \quad b = \begin{bmatrix} b_{11} & b_{12} & b_{13} \\ b_{21} & b_{22} & b_{23} \\ b_{31} & b_{32} & b_{33} \end{bmatrix}$$

$$AB = \begin{bmatrix} a_{11}b_{11}+a_{12}b_{21}+a_{13}b_{31} & a_{11}b_{12}+a_{12}b_{22}+a_{13}b_{32} \\ a_{21}b_{11}+a_{22}b_{21}+a_{23}b_{31} & a_{21}b_{12}+a_{22}b_{22}+a_{23}b_{32} \\ a_{31}b_{11}+a_{32}b_{21}+a_{33}b_{31} & a_{31}b_{12}+a_{32}b_{22}+a_{33}b_{32} \end{bmatrix}$$

$$\begin{bmatrix} a_{11}b_{13}+a_{12}b_{23}+a_{13}b_{33} \\ a_{21}b_{13}+a_{22}b_{23}+a_{23}b_{33} \\ a_{31}b_{13}+a_{32}b_{23}+a_{33}b_{33} \end{bmatrix}$$

$$A/B = AB^{-1}$$
$$A\backslash B = A^{-1}B$$

(2) スカラー関数

スカラー関数とは入力引数としてスカラーをとるもの，もしくは行列を入力した場合でも，その要素ごとに働く関数のことである．多量なデータに同様な演算を施す場合，行列を入力とすると繰り返し計算を行わなくても一度に答を得ることができ，また処理速度も速くなる．

表 A1.4 にスカラー関数の代表例を挙げる．

● 三角関数を一度に計算

» x = [0 pi/4 pi/2 3*pi/4 2*pi];

» sin(x)

ans =

　　　　 0　　0.7071　　1.0000　　0.7071　　0.0000

» cos(x)

ans =

　　 1.0000　　0.7071　　0.0000　 −0.7071　　1.0000

● 複素データの作成と操作

» X_real = [1 2; 4 4];

表 A1.4　スカラー関数

sin, cos, tan	三角関数
asin, acos, atan	逆三角関数
sinh, cosh, tanh	双曲線関数
exp	指数関数
log, log 2, log 10	対数関数
sqrt	ルート
abs, angle	複素数の絶対値と偏角
conj	共役複素数
real, imag	複素数の実部と虚部
fix, ceil, floor, round	整数への打ち切り

```
» X_imag = [10 20; 30 40];
» X = X_real + i * X_imag
X =
      1.0000 +10.0000i   2.0000 +20.0000i
      3.0000 +30.0000i   4.0000 +40.0000i
» R_part = real(X);
» I_part = imag(X);
» [R_part I_part]
ans =
      1    2    10    20
      3    4    30    40
» X_conj = conj(X);
» X, X_conj
X =
      1.0000 +10.0000i   2.0000 +20.0000i
      3.0000 +30.0000i   4.0000 +40.0000i
X_conj =
      1.0000 -10.0000i   2.0000 -20.0000i
      3.0000 -30.0000i   4.0000 -40.0000i
```

(3) 多項式関数

多項式関数とはベクトルの各要素を多項式の係数とみなして働く関数のことである．表A1.5に代表例を挙げる．

以下の2つの多項式に対して多項式関数を適用する．

$$p(x) = x^2 + 2x + 3$$
$$q(x) = 4x + 5$$

多項式の係数を降ベキに並べて表現する．

● 多項式の係数ベクトル定義

》p ＝ [1 2 3];
》q ＝ [4 5];

● 多項式の乗算（コンボリュージョン）：フィルタリングに利用

》r ＝ conv(p,q)
r ＝
　　　4　13　22　15

● 多項式の除算（デコンボリュージョン）

》[s1,s2] ＝ deconv(p,q)
s1 ＝
　　0.2500　0.1875
s2 ＝
　　　　0　　　0　2.0625

商がs1に，余りがs2に算出される．

● 多項式の根の計算

》r1 ＝ roots(p)
　r1 ＝
　　−1.0000　＋1.4142i
　　−1.0000　−1.4142i

A 1.2 データ操作と演算/関数の使用法 **137**

表 A1.5 多項式関数

interp1, interp1q	線形補間
spline	スプライン補間
roots	多項式の根の算出
polyval	多項式の評価
polyfit	多項式へのカーブフィット
conr, deconv	コンボリューション, デコンボリューション

» s2 = roots(q)

 s2 =

   −1.2500

(4) 行列関数

行列関数とは入力引数として行列をとるものであり,数値計算の核となるMATLABの中心的関数である.表 A 1.6 に代表例を挙げる.

表 A1.6 行列関数

norm, normest	ノルムの算出
rank	ランク
det	行列式
trace	トレース(跡)
inv, pinv	逆行列,疑似逆行列
cond, condest	条件数の算出
chol	コレスキー分解
lu	LU 分解
qr	QR 分解
eig	固有値解析
svd	特異値分解
poly	特性多項式の算出
schur	シュア分解
expm	行列指数関数(級数展開)
logm	行列対数関数

以下の行列に対していくつかの行列関数を適用する．

$$A = \begin{bmatrix} 1 & 2 & 3 \\ 4 & 5 & 6 \\ 7 & 8 & 0 \end{bmatrix}$$

● あらかじめデータを定義

» A = [1 2 3;4 5 6;7 8 0];

● 固有値と固有ベクトルの計算

» d = eig(A)   % 固有値のみの計算
d =
   -0.3884
   12.1229
   -5.7345

» [V,D] = eig(A)   % 固有値と固有ベクトルの計算
V =
     0.7471   -0.2998   -0.2763
    -0.6582   -0.7075   -0.3884
     0.0931   -0.6400   0.8791
D =
    -0.3884   0   0
          0   12.1229   0
          0   0   -5.7345

固有ベクトル行列 V と，その固有値対角行列 D が算出される．

● 逆行列を利用して連立一次方程式の解の算出

方程式

$$\begin{cases} x+5y=7 \\ 2x+4y=8 \end{cases} \longrightarrow \begin{bmatrix} 1 & 5 \\ 2 & 4 \end{bmatrix} \begin{Bmatrix} x \\ y \end{Bmatrix} = \begin{Bmatrix} 7 \\ 8 \end{Bmatrix}$$

に対し，係数行列の逆行列を用いる．

A1.2 データ操作と演算/関数の使用方法　**139**

```
» A = [1 5; 2 4];
» z = [7; 8];
» x_y = inv(A)*z
x_y =
     2.0000
     1.0000
```

(5) その他のユーティリティ

MATLABでの解析を手助けするユーティリティ的関数は多数あるが，ここでは使用頻度の高いいくつかの関数を表A1.7に挙げる．

表 A1.7　使用頻度の高いユーティリティ関数

who, whos	データの表示
clear	データのクリア
save, load	データの保存と呼び出し
help, helpdesk, hthelp, helpwin	オンラインヘルプ

● データの表示

メモリに存在するデータを表示する．

```
» who
Your variables are:
A         D         D         q         s1
B         V         p         r         s2
```

メモリに存在するデータとその情報を表示する．

```
» whos
  Name      Size         Bytes  Class
  A         3×3             72  double array
  B         3×3             72  double array
```

付録1　MATLABの基本

```
  D      3×3      72 double array
  V      3×3      72 double array
  d      3×1      24 double array
  p      1×3      24 double array
  q      1×2      16 double array
  r      1×4      32 double array
  s1     1×2      16 double array
  s2     1×3      24 double array
Grand total is 53 elements using 424 bytes
```

● データの保存と呼び出し

データの保存と呼び出しには様々な書式がある．以下にその一例を示す．

save

> **matlab.mat** という MAT-file[注1] に，ワークスペース[注2] のすべての変数を保存．

load

> **matlab.mat** という MAT-file を読み込み，すべての変数を呼び出す．

save *fname*

> *fname.mat* という MAT-file に，ワークスペースのすべての変数を保存．

load *fname*

> *fname.mat* という MAT-file を読み込み，すべての変数を呼び出す．

save *fname* A B

> *fname.mat* という MAT-file に，ワークスペースの変数 A, B を保存．

load *fname* A B

> *fname.mat* という MAT-file を読み込み，保存された変数 A, B を呼び出す．

(注1) MAT-file とは，MATLAB固有のバイナリーフォーマットを持つデータファイルのこと．
(注2) ワークスペースとは，MATLABで使用するデータ用メモリ空間のこと．

A1.3 プロットの方法

MATLABには3次元カラーグラフィックスや画像データ，ライティング，シェーディング等，非常に多彩な高機能グラフィックス機能がある．表A1.8

表A1.8 グラフィック関数

\multicolumn{2}{c}{2次元グラフィック関数}	
plot	プロット(線形スケール)
loglog	両対数プロット
semilogx, semilogy	片対数プロット
polar	極座標プロット
stem	離散プロット
stairs	階段プロット(ゼロ次ホールド)
bar	棒グラフ
pie	パイチャート
hist	ヒストグラム
contour	コンター図(等高線表示)
image	画像データ表示
axis	座標軸の範囲指定
zoom	ズーム
grid	グリッドライン
subplot	グラフィックスウィンドウの分割
legned	凡例の作成
title	タイトルの記述
xlabel, ylabel	座標軸ラベルの記述
text	テキストの記述
\multicolumn{2}{c}{3次元グラフィック関数}	
plot3	3次元プロット
stem3	3次元離散プロット
mesh	メッシュプロット
surf	サーフプロット
surfl	ライティング付きサーフプロット
waterfall	ウォータフォール(鳥瞰図)
slice	ボリュームをスライス
contour3	3次元コンタープロット
pie3	3次元パイチャート
colormap	カラーマップの変更
shading	シェーディング処理

に代表的なものを挙げる．

ここでは特に使用頻度が高いと思われる 2 次元プロット関数を紹介する．

● 正弦波を作成しプロット（図 A 1.1）

» x = 0 : pi/100 : 20*pi;

» y = sin(x);

» plot(x, y)

» axis([0 20*pi −1 1])

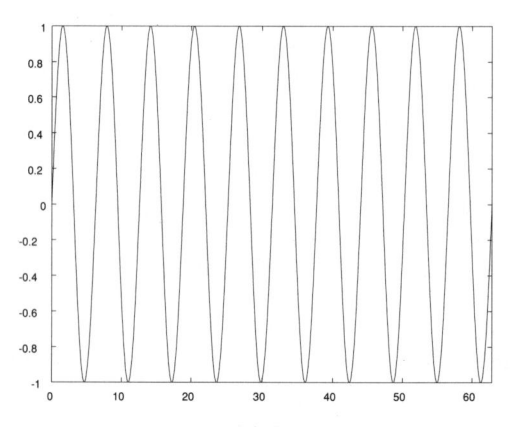

図 A1.1 正弦波のプロット

● グリッドラインの追加（図 A 1.2）

» grid

● 一点鎖線でプロット（図 A 1.3）

» plot(x, y, '−.')

» axis([0 20*pi −1 1])

» grid

注意：コマンド"**plot**"は，一点鎖線以外も破線や点線，丸や三角等の各種シンボルでプロットできる．

A1.3 プロットの方法

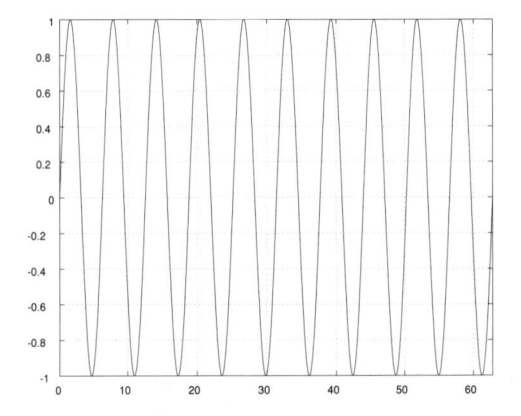

図 **A1.2** グリッドラインの追加

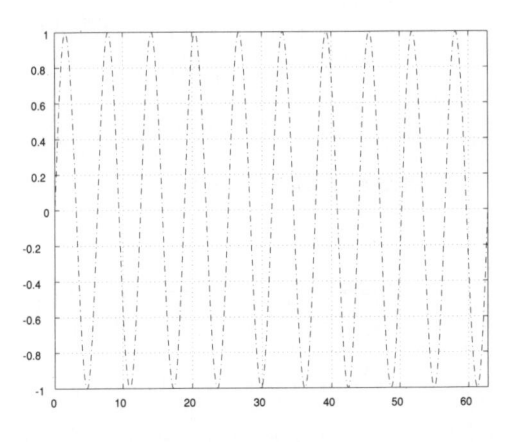

図 **A1.3** 一点鎖線でプロット

● 2種類のデータをプロット（図 A1.4）

» x = 0: pi/100: 20*pi;
» y = sin(x);
» y2 = 0.5*sin(2*x);

» plot(x, y, '-', x, y2, '-.')
» axis([0 20*pi -1 1])
» grid

● タイトルとラベルの記述（図 A 1.5）
» title('Sine plot')

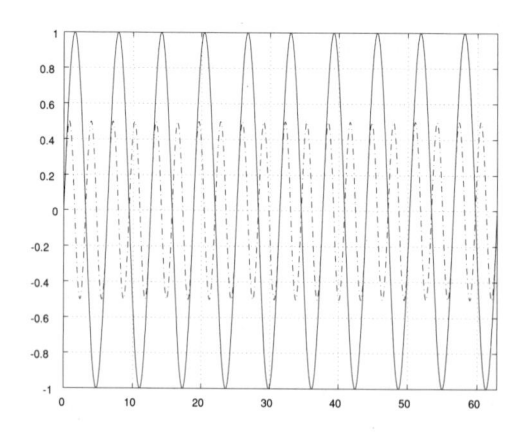

図 **A1.4**　2種類のデータをプロット

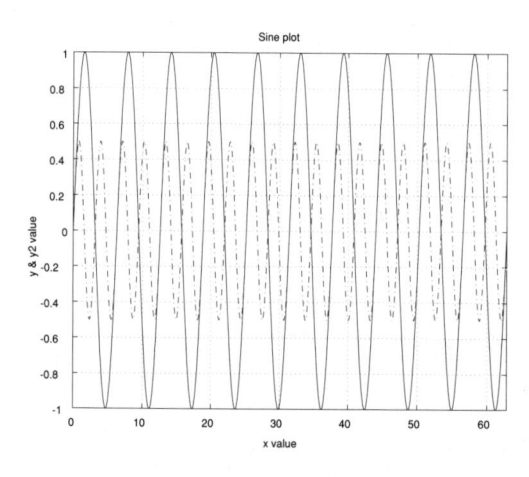

図 **A1.5**　タイトルとラベルの記述

A1.3 プロットの方法 **145**

» xlabel('x value')
» ylabel('y & y2 value')
● x軸の片対数プロット（図A1.6）
» semilogx(x, y)
» axis([0.1 20*pi −1 1])
» grid

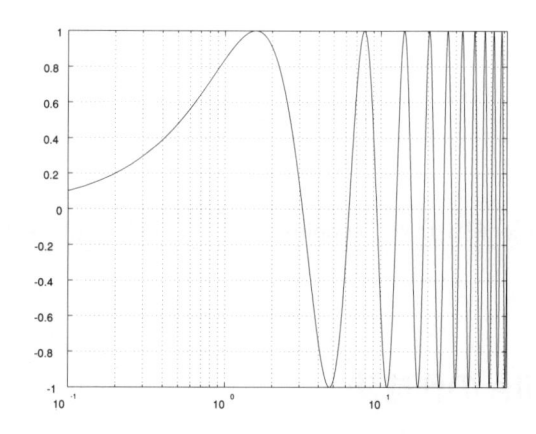

図 A1.6 片対数プロット

● 分割してプロット（図A1.7）
» subplot(2,1,1)
» plot(x, y)
» axis([0 20*pi −1 1])
» grid
» subplot(2,1,2)
» semilogx(x, y2)
» axis([0.1 20*pi −1 1])
» grid
注意：コマンド"**subplot**"を用いると様々な分割ができる．上下左右4分割

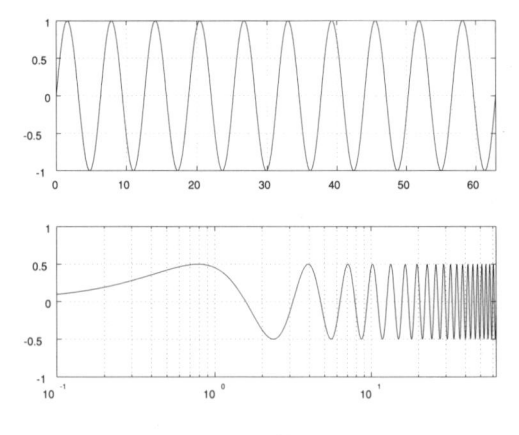

図 A1.7　分割プロット

"**subplot(2,2,#)**"，縦3分割"**subplot(1,3,#)**"，横3分割"**subplot(3,1,#)**"等．

A1.4　M-file の作成法

　MATLAB を使用していく上で最も大切なものに，「M-file」というものがある．M-file とは，「MATLAB の関数・コマンドのステートメントを納めたテキスト形式のファイル」のことで，MATLAB でのプログラミング機能に当たる．M-file の中に別の M-file を含めることも可能で，また，自分自身を再帰的に呼び出すことも可能である．

　M-file には，その機能により以下の2種類の形式に分けられる．
● スクリプト M-file
● ファンクション M-file

　スクリプト M-ファイルは，今まで MATLAB プロンプト "≫" に対して関数やコマンドを直接キーボード入力していたものを，あらかじめファイルの中に記述しておき，自動的，連続的に実行させるものである．ファイル名には *script.m* のように，拡張子に "*.m*" を付ける．MATLAB のプロンプトに対して，

》 script

とタイプインすると，***script.m*** に書かれたMATLABステートメントを逐次自動的に実行していく．この機能により，同様なルーチンで計算を行うとき何度も同じステートメントを入力する必要がなく，大変効率良く作業できるようになる．スクリプトM-file内で記述された変数はグローバル変数となり，ワークスペースに残る．

ファンクションM-fileは，MATLABの関数・コマンドを使用して，ユーザ定義の新たな外部関数を作成するものである．スクリプトM-fileと異なり，通常入力引数と出力引数を伴う．ファンクションM-fileの中で使用された変数は，そのファイルの中だけに有効なローカル変数となり，実行が終わるとワークスペースから消去される．各種Toolboxの関数は，ほとんどこのファンクションM-fileで提供されている．そのためプログラムが解読可能で，アルゴリズムを確認したり，また独自に変更を加えるなど，自由に編集することが可能となる．ファイル名は ***function.m*** のように，スクリプトM-fileと同様に拡張子"***.m***"を用いる．

A1.4.1 スクリプトM-file

例題を用いてスクリプトM-fileの実例を示す．

［例題A1.1］ サンプリング時間1(ms)の正規分布するノイズを作成し，時間データとPSD（Power Spectral Density）データをプロットする．

［解答］ "pgm1_1.m"に解答を，実行した時の出力図を図A1.8に示す．

ポイント：1) FFTは関数"**fft**"を使用．

2) この解答ではPSDの計算において，サンプリングタイムTsで正規化している．

［例題A1.2］ 3つの正弦波とノイズが混在した適当な信号を，5点移動平均フィルタでフィルタリングし，フィルタの特性およびフィルタリング前後の信号をプロットする．

[解答] "pgm1_2.m" に解答を，実行した時の出力図を図 A 1.9, 10 に示す．
ポイント：ディジタルフィルタの周波数応答は関数**"freqz"**で計算できる．

pgm1_1.m

```
Ts=1e-3;                         % サンプリング時間の設定(1 ms)
Fs=1/Ts;                         % サンプリング周波数へ換算
t=0:Ts:(1023)*Ts;                % 時間ベクトルの作成
fr=Fs*(0:511)/1024;              % 周波数ベクトルの作成
x=randn(size(t));                % ノイズデータの作成
y=fft(x);                        % FFT の計算
L=length(x);                     % データの長さを算出
Pyy=(Ts/L)*(y.*conj(y));         % PSD の計算
%…時間データをプロット…
subplot(2,1,1), plot(t,x)
axis([0 1023*Ts -4 4]), grid
xlabel('Time (s)'), ylabel('Value')
%…PSD データのプロット…
subplot(2,1,2), plot(fr, 10*log10(pyy(1:512)))
axis([0 Fs*(511/1024) -60 -10]), grid
xlabel('Frequency (Hz)'), ylabel('PSD (V^2/Hz)')
```

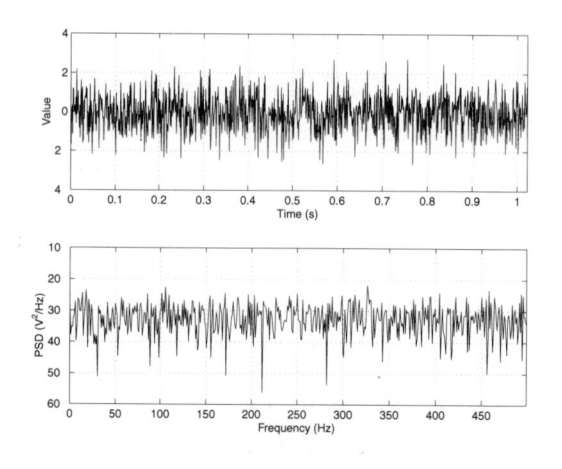

図 **A1.8** 周波数解析結果

pgm1_2.m

```
Ts=1e-3;                            % サンプリング時間の設定(1 ms)
t=0: Ts: (1023)*Ts;                 % 時間ベクトルの作成
sig1=sin (2*pi*20*t+pi/8);          % 正弦波1
sig2=0.8*sin (2*pi*200*t+pi/4);     % 正弦波2
sig3=0.5*sin (2*pi*370*t+pi/2);     % 正弦波3
noise=0.3*randn (size (t));         % ノイズデータ
sig=sig1+sig2+sig3+noise;           % 信号の合成
fill_imp=[1 1 1 1 1]/5;             % フィルタのインパルス応答
figure
freqz (fill_imp, 1, 128);           % 周波数応答の計算
y=filter (fill_imp, 1, sig);
%…フィルタリング前の信号のプロット…
figure
subplot (2, 1, 1), plot (t, sig)
axis ([t (1) t (end) -3 3]), grid
title ('Before fillter')
xlabel ('Time (s)'), ylabel ('Value')
%…フィルタリング後の信号のプロット…
subplot (2, 1, 2), plot (t, y)
axis ([t (1) t (end) -3 3]), grid
title ('After fillter')
xlabel ('Time (s)'), ylabel ('Value')
```

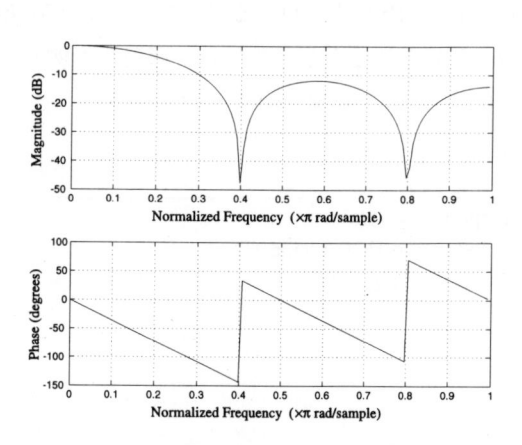

図 A1.9 5点移動平均フィルタの周波数特性

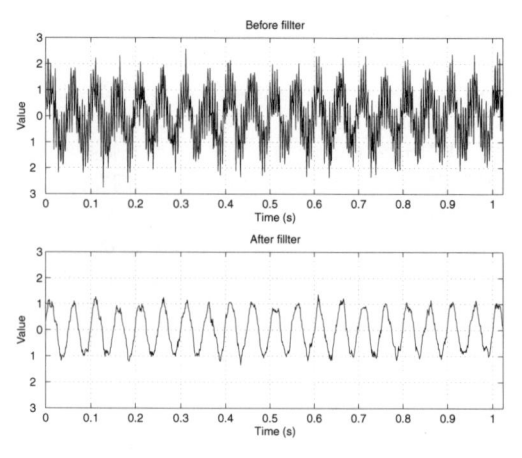

図 **A1.10** フィルタリング前後の信号

A1.4.2　ファンクション M-file

例題を用いてファンクション M-file の実例を示す．

［例題 A 1.3］　FFT を計算する関数"**fft**"を用いて PSD を計算し，その結果をプロットする関数を作成し，実際に実行してみる．

［解答］　"mypsd.m"に PSD を計算するファンクション M-file の解答例を示す．またこの関数を用いて適当な信号に対して適用した例を，スクリプト M-file "**pgm1_3.m**"に，その実行結果を図 A 1.11 に示す．

mypsd.m

```
function psd=mypsd(sig, Ts)
% This function calculate PSD based fft.
% USAGE : psd=mypsd(sig, Ts)
% sig    : Signal
% Ts     : Sampling Time

L=length(sig);
Fs=1/Ts;
t=0:Ts:(L-1)*Ts;
```

A1.4 M-file の作成法　**151**

```
fr=Fs*(0: L/2-1)/L;
x=fft (sig);
psd=(Ts/L)*(x.*conj (x));
psd=10*log10 (psd (1; L/2));

subplot (2, 1, 1), plot (t, sig), grid
set (gca, 'XLim', [t (1) t (end)])          % X軸をフルスケール
title ('Time Data')
xlabel ('Time (s)'), ylabel ('Value')
subplot (2, 1, 2), plot (fr, psd), grid
set (qca, 'XLim', [fr (1) fr (end)])        % X軸をフルスケール
title ('PSD based FFT')
xlabel ('Frequency (Hz)'), ylabel ('PSD (unit^2/Hz)')
```

pgm1_3.m

```
Ts=1 e-3;                          % サンプリング時間の設定(1 ms)
t=0: Ts: (1023)*Ts;                % 時間ベクトルの作成
sig1=sin (2*pi*20*t+pi/8);         % 正弦波1
sig2=0.8*sin (2*pi*200*t+pi/4);    % 正弦波2
sig3=0.5*sin (2*pi*370*t+pi/2);    % 正弦波3
noise=0.3*randn (size (t));        % ノイズデータ
sig=sig1+sig2+sig3+noise;          % 信号の合成
                                   % PSDの計算
mypsd (sig, Ts);
```

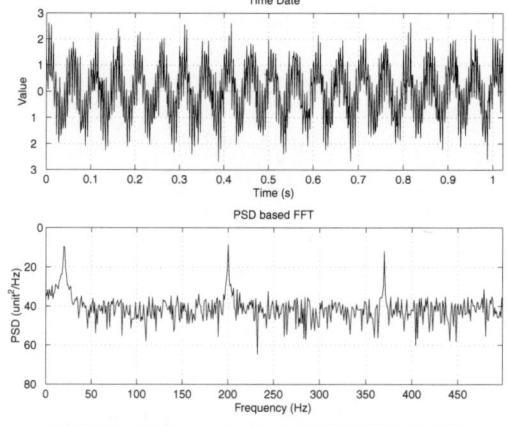

図 **A1.11**　関数 mypsd による周波数解析結果

付録2　Simulinkの基本

　ここではSimulinkの基本を解説する．はじめにブロック等の基本的な操作法を説明したあと，簡単なシステムを作成・シミュレーションし，理解を深める．

A2.1　基本操作

A2.1.1　Simulinkの起動

　Simulinkを起動するにはMATLABプロンプトに，

```
» simulink
```

とタイプインするか，図A2.1のように，コマンドウィンドウのメニューバーからアイコン ▣ を**左マウスボタンでクリック**する．すると図A2.2(a)のようなライブラリブラウザが開く．ライブラリブラウザは， ⊞ マークを左マウスボタンでクリックすることにより，図A2.2(b)のように階層構造を展開できる．

　必要なライブラリを開くには，図A2.3のように，右マウスボタンをクリックしてポップアップメニューを開いた後，図A2.4のように左マウスボタンをクリックして開く．また，ライブラリ名を直接タイプインして開くことも可能．例えばSimulinkのライブラリを開きたい場合は，**"simulink3"** タイプインする．

154 付録2 Simulink の基本

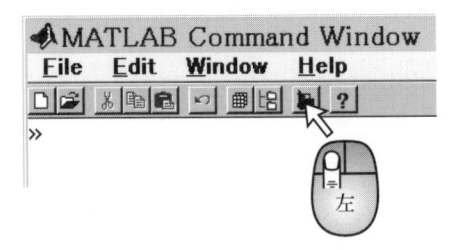

図 A2.1 Simulink の立ち上げ

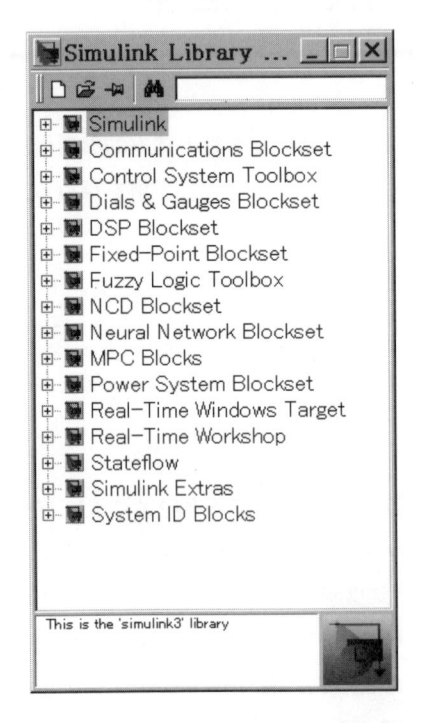

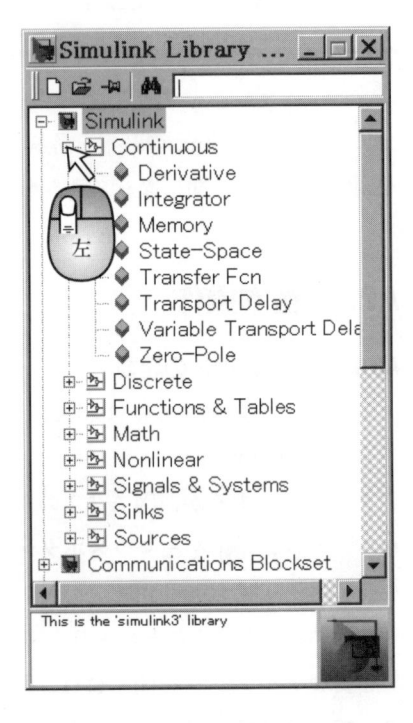

(a) Simulink ライブラリブラウザ

(b) ブラウザの展開

図 A2.2 Simulink ライブラリとモデルウィンドウ

A2.1 基本操作 **155**

(a) ポップアップメニューのオープン

(b) Simulink ライブラリのオープン

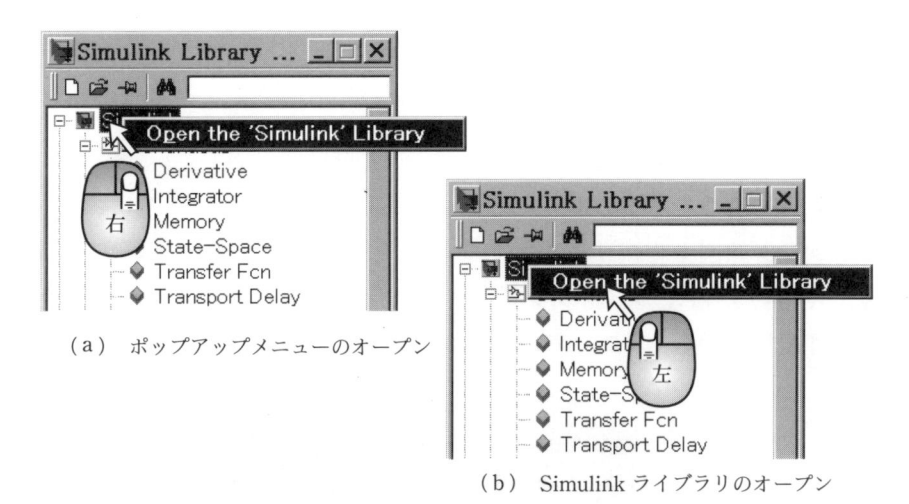

図 A2.3 Simulink ライブラリとモデルウィンドウ

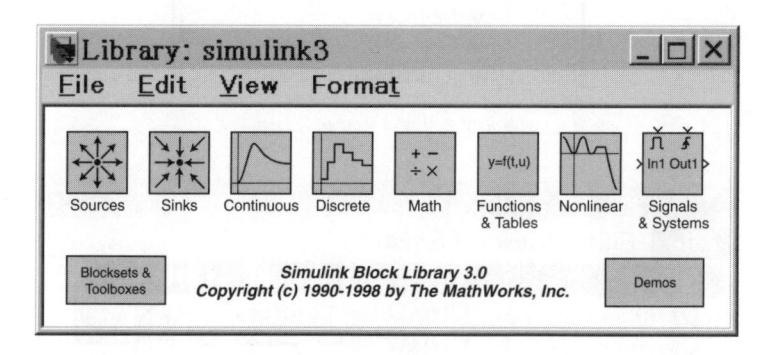

図 A2.4 Simulink ライブラリとモデルウィンドウ

ブロックライブラリは以下のように区分けされている．

Sources　　　　：信号源
Sinks　　　　　：信号のモニターとロギング
Continuous　　 ：連続系
Discrete　　　　：離散系

付録2 Simulink の基本

Math   ：算術演算，論理演算
Functions & Tables：ユーザ定義関数
Nolinear   ：非線形系
Signals & Systmes ：信号の整理，システムの階層化

A2.1.2 モデルウィンドウのオープン

ブロック線図を作成するためのモデルウィンドウをオープンする．図A2.5(a)のように，ライブラリブラウザのメニューボタンからオープンするか，図A2.5(b)のように，ライブラリのメニューよりオープンすることができ

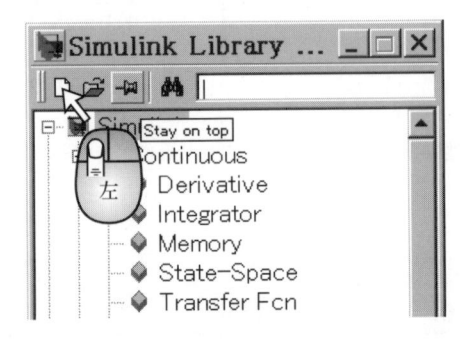

(a) ライブラリブラウザからのオープン

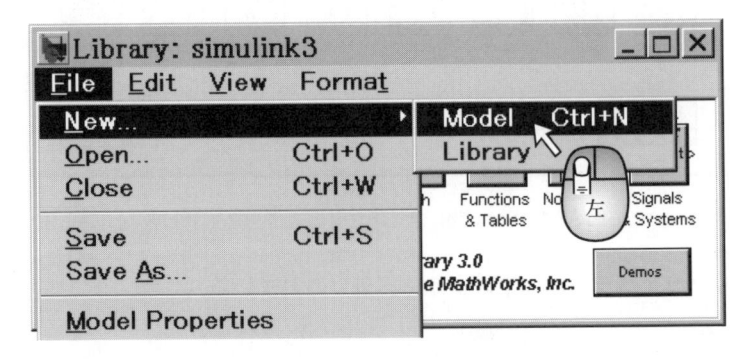

(b) ライブラリからのオープン

図 A2.5　モデルウィンドウのオープン

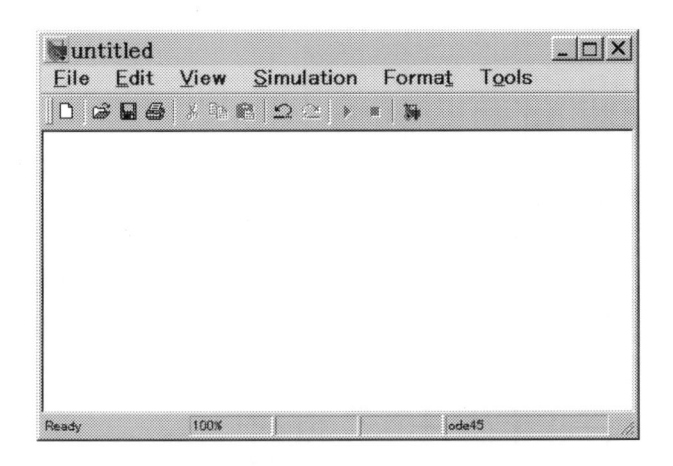

図 A2.6　モデルウィンドウ

る（図 A 2.6 参照）．また，ショートカットキー **Ctrl＋N** でも可能．

A2.1.3　ライブラリのオープンとブロックのコピー

　必要なブロックをコピーするには，対応するブロックライブラリを開いて（**左マウスボタンをダブルクリック**），ブロックをモデルウィンドウに**ドラッグ＆コピー**する．例えば図 A 2.7 のように，**Sources-Sine Wave** ブロックをコピーする．同様に **Sinks-Scope** ブロックもドラッグ＆コピーし，図 A 2.8 のように配置する．

補足：ブロックの反転と回転

　ブロックを反転するには，ブロックを選択（**左マウスクボタンをクリック**）し，モデルウィンドウのメニューバーから，**Format-Flip Block** を選択するか，**Ctrl-F** キーを押す．また回転するためには同様に選択した後，メニューバーから **Format-Rotate Block** を選択するか，**Ctrl-R** キーを押す（図 A 2.9 参照）．

158 付録2 Simulink の基本

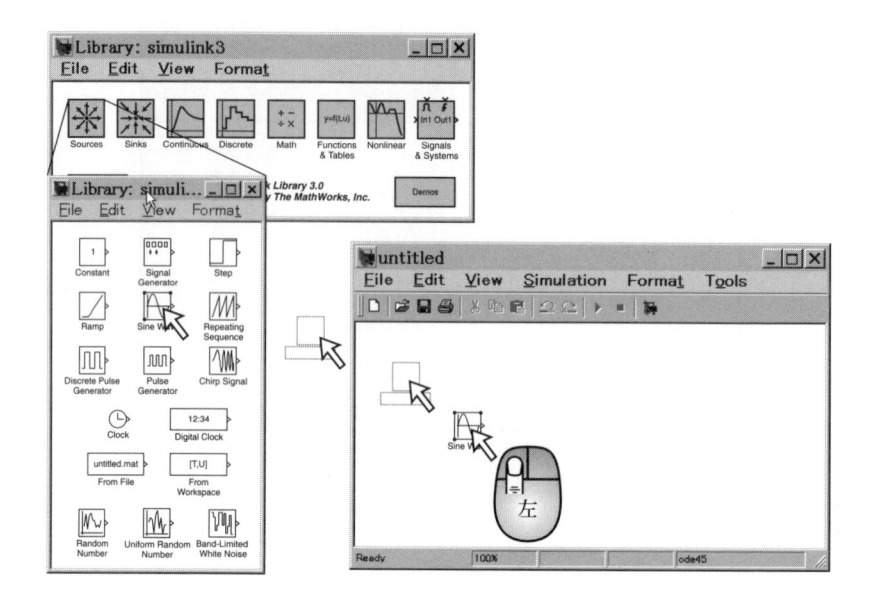

図 A2.7 ブロックのドラッグ&コピー

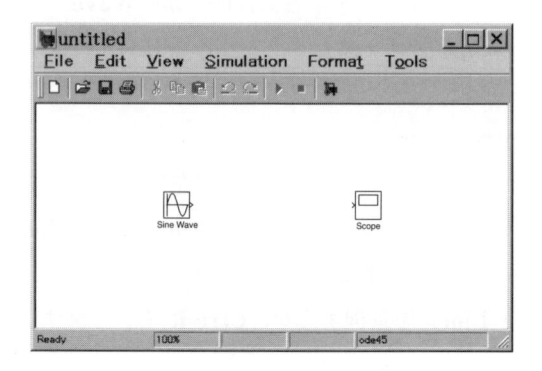

図 A2.8 ブロックのドラッグ&コピー その2

A2.1 基本操作　**159**

(a) ブロックの反転　　　　　　　(b) ブロックの回転

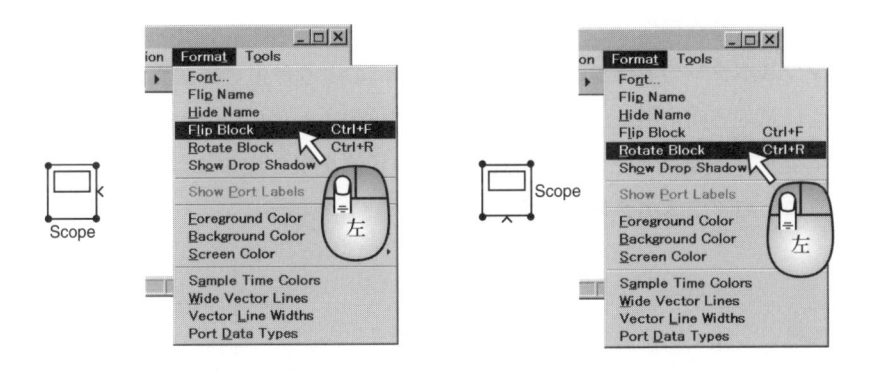

図 A2.9　ブロックの反転と回転

A2.1.4　ブロックの結線

ブロックの結線は図 A2.10 に示すように，始点と終点を**左マウスボタンでド
ラッグする．**

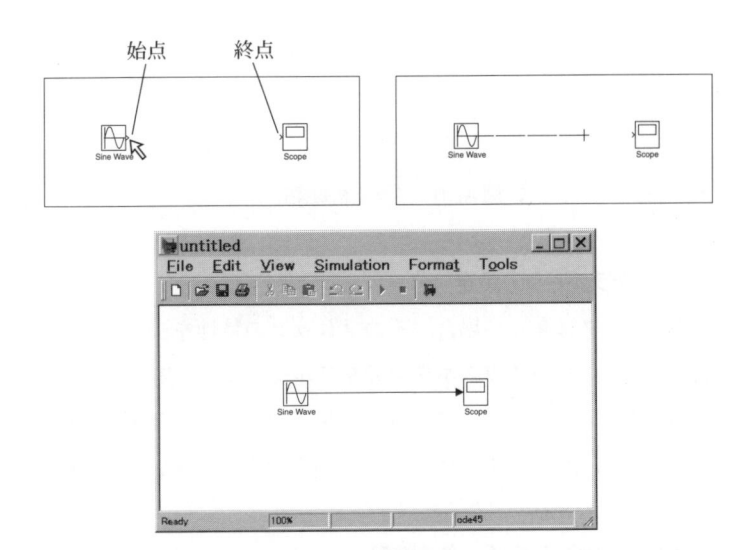

図 A2.10　ブロックの結線

160　付録2　Simulinkの基本

補足：色々な結線操作

　左マウスボタンのドラッグは，図A2.11(a)のように信号線が直角に曲がる．これを任意の方向に引き出すには図A2.11(b)のように，**Shift＋左マウスボタンでドラッグ**する．また信号線の途中から信号線を引き出すには図A2.11(c)のように，**右マウスボタンでドラッグ**する．

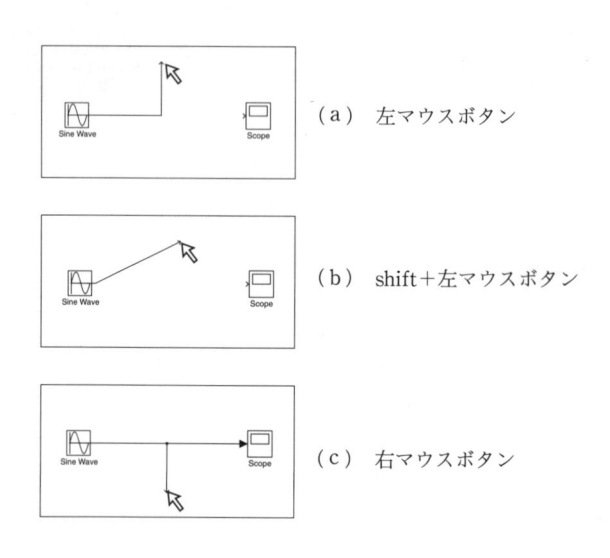

図A2.11　色々な結線操作

A2.1.5　ブロックパラメータの設定

　それぞれのブロックは多くの場合，そのブロックの特性を決めるパラメータを持っている．ブロックを**左マウスボタンでダブルクリック**することにより，パラメータ設定用のダイアログボックスが開く．例えば"Sine Wave"ブロックを**ダブルクリック**すると，図A2.12のように，振幅や周波数等を設定することができる．

A2.1.6　シミュレーションパラメータの設定

　システムの作成が終わるとシミュレーション時間やソルバーの種類（連続系

A2.1 基本操作 **161**

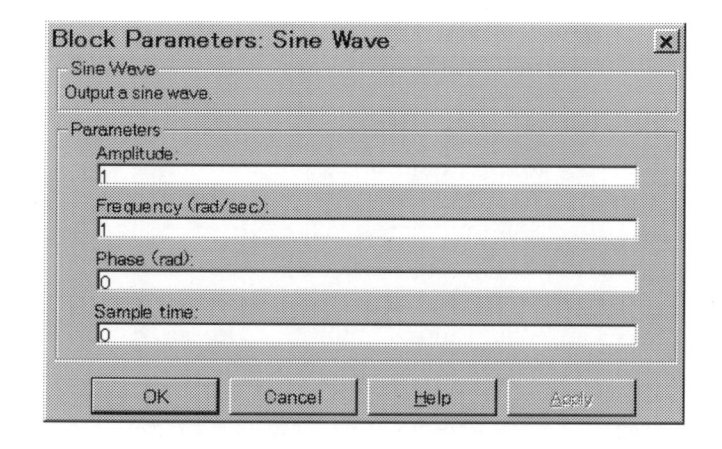

図 A2.12 Sine Wave のブロックパラメータ

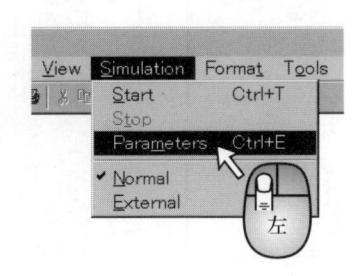

図 A2.13 シミュレーション・パラメータの選択

用・離散系用）等，シミュレーションに関わる様々なパラメータを設定を行う．図 A2.13 のように，モデルウィンドウのメニューバーから "**Simulation-Parameters**" を選択すると，図 A2.14 のようなシミュレーション・パラメータ設定ダイアログボックスが開く．シミュレーション・パラメータの設定方法については次章で行うとし，ここではデフォルト値を使用する．

A2.1.7 シミュレーション

図 A2.15 のように "Scope" ブロックを**左マウスボタンでダブルクリック**し，スコープをオープンする．

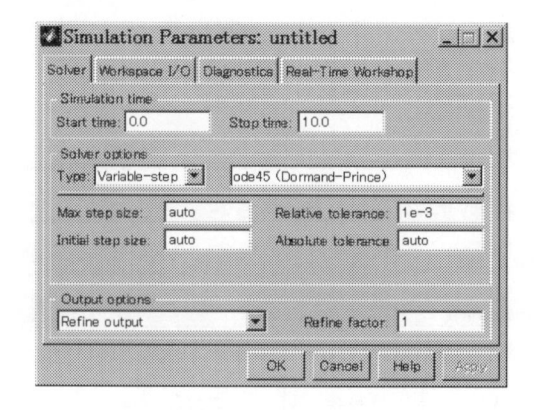

図 A2.14　シミュレーション・パラメータ設定ダイアログボックス

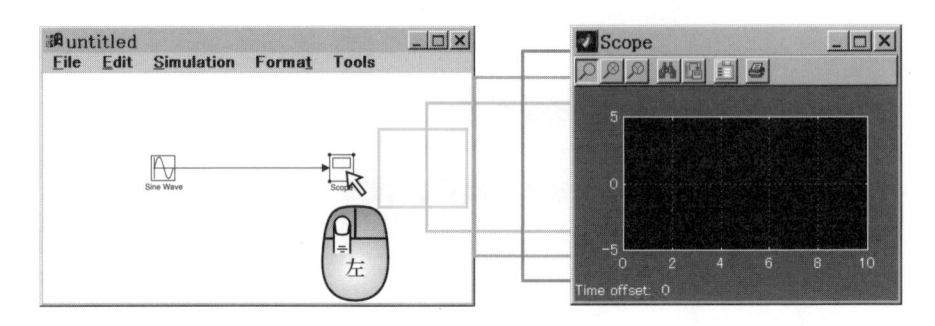

図 A2.15　スコープのオープン

　モデルウィンドウの "**Simulation-Start**" を選択するとシミュレーションが開始され，図 A 2.16 のようにシミュレーション結果が表れる．

A2.1.8　システムのセーブ

　モデルが完成したらモデルウィンドウの "**File-Save As**" を選択して，任意のファイル名（例：system）でセーブしておく（図 A 2.17）．

　セーブしたシステムを呼び出すには，MATLAB プロンプトに直接ファイル名 "**system**" をタイプインする．

```
» system
```

A2.1 基本操作 **163**

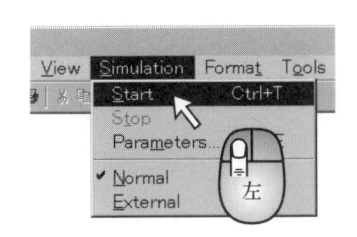

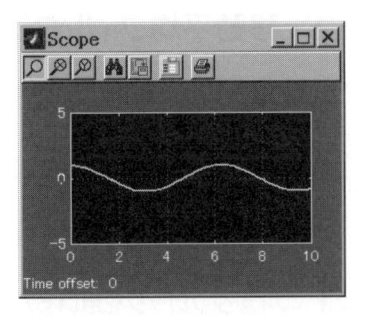

図 A2.16 シミュレーション結果

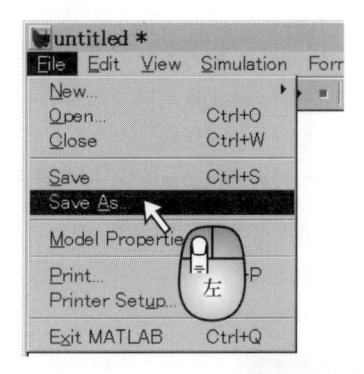

図 A2.17 モデルの保存

A2.2　移動平均フィルタシステムの作成

Simulink では，ユーザの好みや目的に合わせて様々な形でシステムをモデル化することが可能である．ここでは式 A 2.1 で表される 5 点移動平均フィルタを題材にして，2 通りの方法でモデル化を行う．

$$H(z) = \frac{1}{5}(1 + z^{-1} + z^{-2} + z^{-3} + z^{-4}) \tag{A 2.1}$$

A2.2.1　フィルタブロックを用いる方法

Simulink ブロックライブラリの "**Discrete-Discrete Filter**" ブロックを用いると直接的にディジタルフィルタを実現できる．これを用いて適当なスイープサイン信号を入力としたシステムと，そのブロックパラメータを図 A 2.18 に示す．またシミュレーションのパラメータを図 A 2.19 に，シミュレーション結果を図 A 2.20 に示す．これより，移動平均フィルタ特有の周波数が高くなるのに従い櫛形状に徐々に減衰する周波数特性が観察できる．

ここではあらかじめ MATLAB コマンドウィンドウで，ディジタルフィルタの分母・分子の係数，およびサンプリングタイムを適当に定義していく．

```
» numZ=[1 1 1 1 1];        % 分子の係数ベクトル
» denZ=5;                   % 分母の係数ベクトル
» Ts=1;                     % サンプリングタイム
```

A2.2.2　トランスバーサル構造で実現

フィルタの構造を意識したトランスバーサル構造で実現する．システムを図 A 2.21 に，主なブロックパラメータを図 A 2.22 に示す．また，先のシステムと同様のシミュレーションパラメータ（図 A 2.19 参照）でシミュレーションした結果を図 A 2.23 に示す．これより同様のシミュレーション結果が得られていることがわかる．

A2.2 移動平均フィルタシステムの作成 **165**

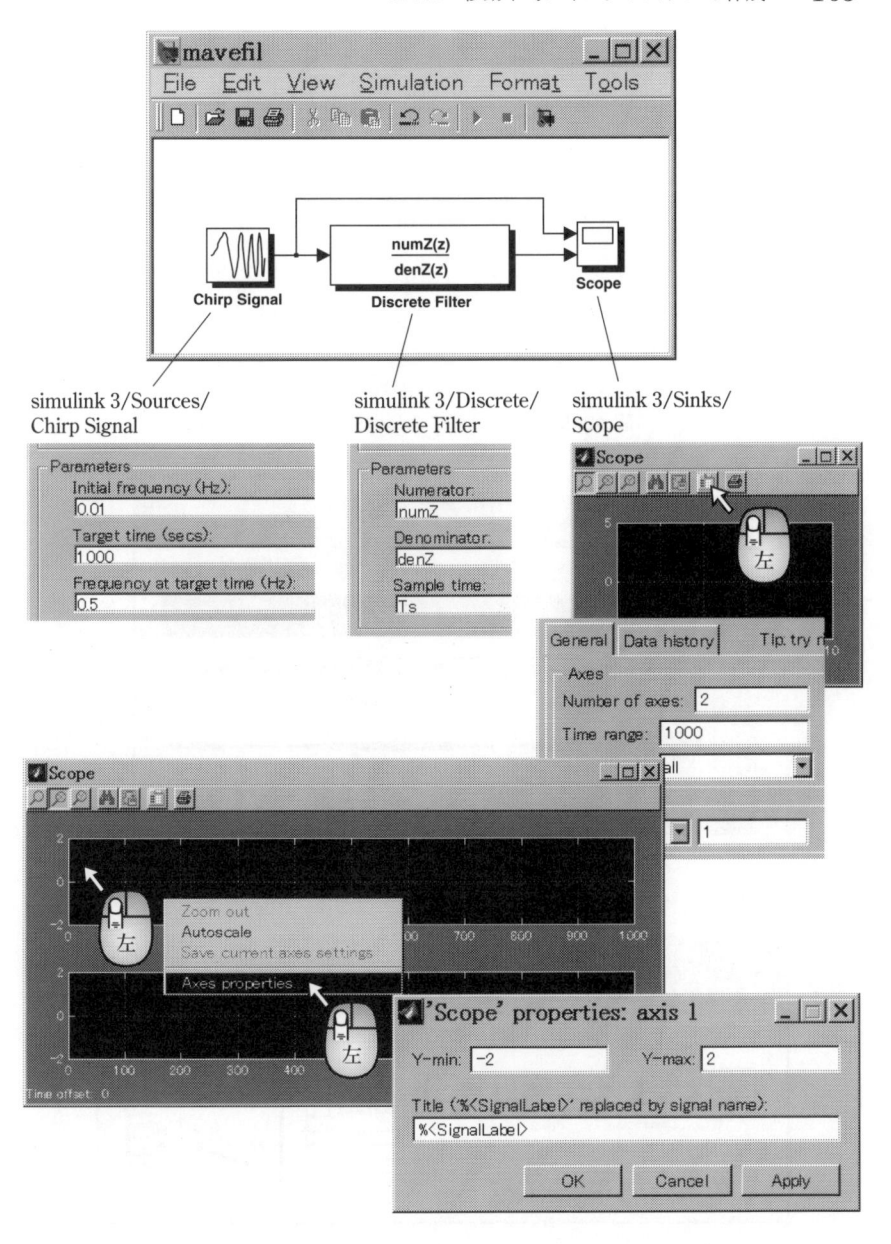

図 A2.18 5点移動平均フィルタシステムのブロックパラメータ

166 付録 2 Simulink の基本

図 A2.19 シミュレーションのパラメータ

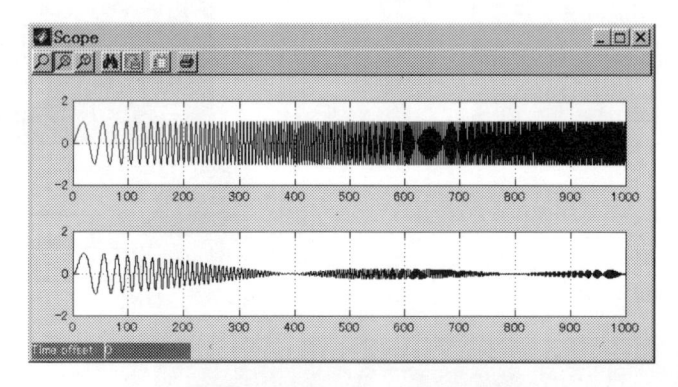

図 A2.20 シミュレーション結果

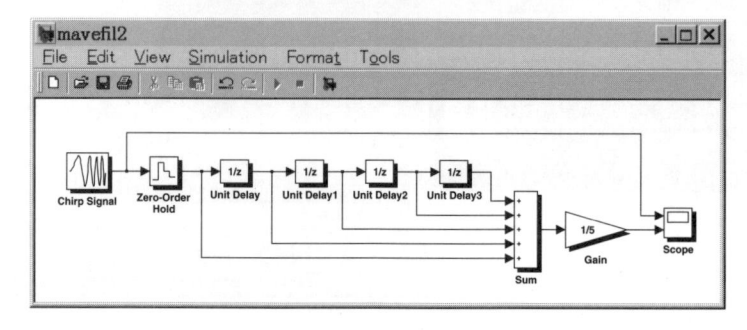

図 A2.21 トランスバーサル構造の 5 点移動平均フィルタシステム

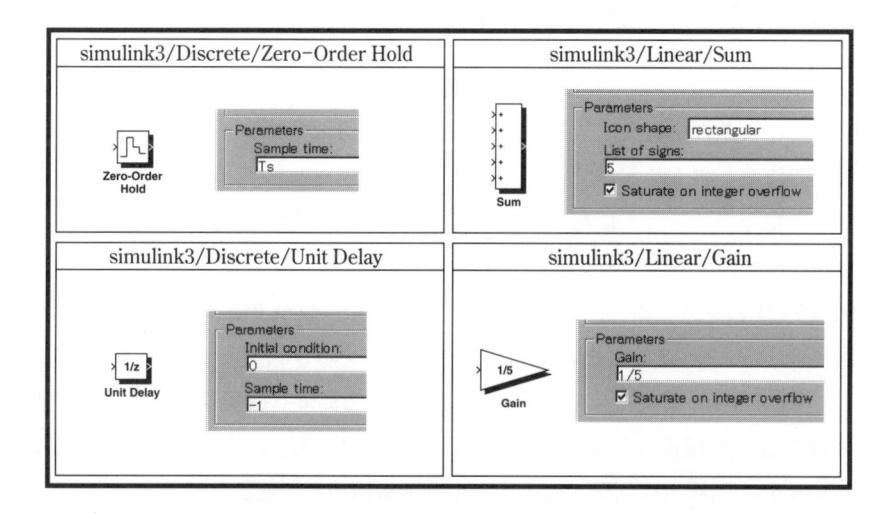

図 A2.22　図 A2.21 のシステムの主なブロックパラメータ

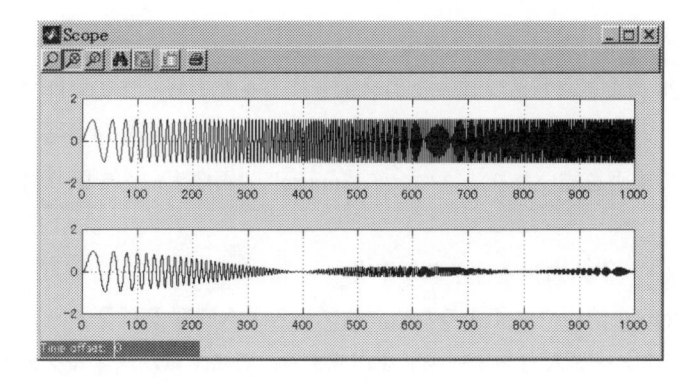

図 A2.23　シミュレーション結果

A2.3　ブロックのカスタマイズ

　Simulink の特徴の一つに，ブロックを容易にカスタムできることが挙げられる．これにより大規模なシステムを一つのブロックとしてライブラリに登録し，ユーザの資産とすることができる．
　ここでは先のシステムに対して基本的なカスタムの方法を説明する．
（1）　カスタムするブロック群を選択
　図 A 2.21 のシステムのフィルタ部分をカスタムブロックとする．
　図 A 2.24 のようにカスタムしたいブロック群をバウンダリボックスで囲み選択し，Subsystem 化する．Subsystem とすることにより機能単位でブロック群を整理でき，大規模なシステムも容易にモデル化が行えるようになる．この Subsystem の階層数は制限がなく，自由な階層構造をとることができる．
（2）　カスタムブロックの Masking
　Subsystem を有効的に活用するため，パラメータの入力ダイアログボックスやアイコンを付けることとする．図 A 2.25 のように Subsystem 化したブロックを選択し，メニュー "**Edit-Mask Subsystem**" を選択し Mask Editor を起動する．
（3）　ブロックの名称と表示の編集
　図 A 2.26 のようにしてブロックの名称と表示を変える．ここではブロックの表示としてコマンド "**disp**" を用いて "My filter" という名前を付けるが，コマンド "**plot**" で線画を描いたり，コマンド "**image**" で画像データを張り付けることもできる．
（4）　パラメータ入力フィールドの作成
　Subsystem を使いやすくするため，サブシステム内部のパラメータに値を受けわたすパラメータ入力フィールドを作成する．ここでは，フィルタのサンプリングタイム "**Ts**" を与えることにする．図 A 2.27 の手順に従って作業をすすめ，最後に Apply ボタンをクリックすると，図 A 2.28 に示すブロックができる．このブロックを**左マウスボタンでダブルクリック**すると，サンプリングタイムを

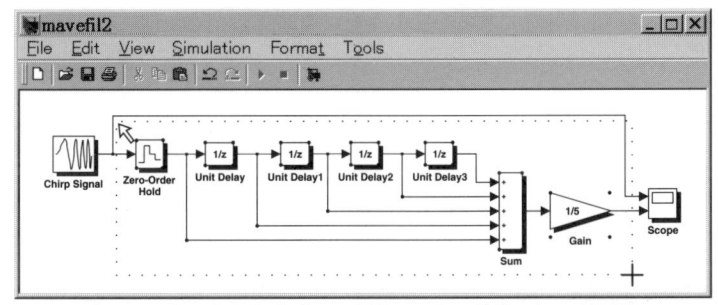

A2.3 ブロックのカスタマイズ **169**

Step 1: カスタムするブロック群のバウンダボックスで選択

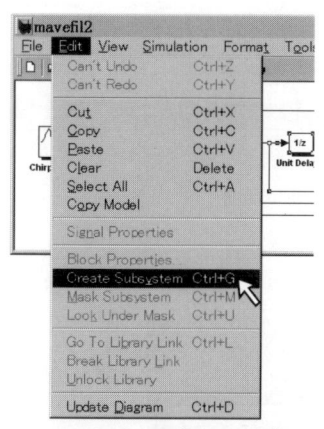

Step 2: サブシステム化

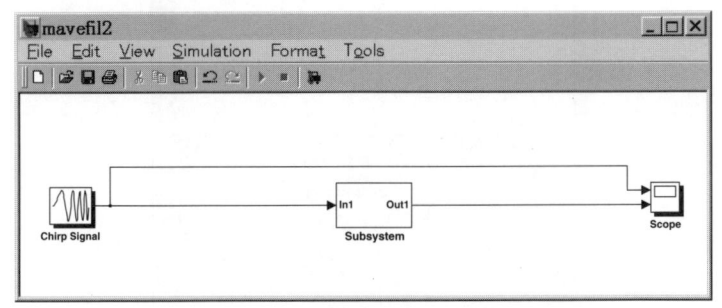

Step 3: サブシステム化されたフィルダブロック群

図 A2.24 カスタムするブロック群をサブシステム化

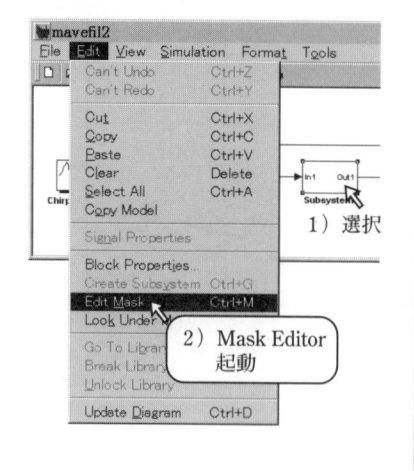

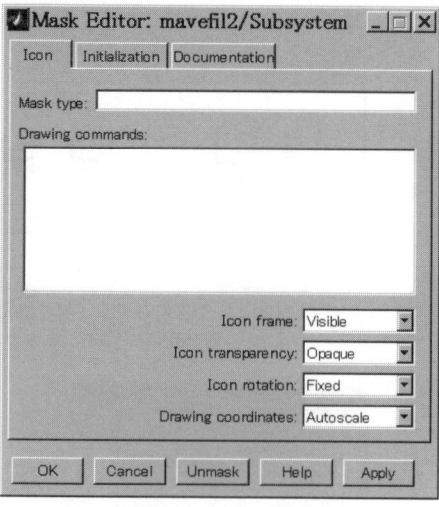

図 A2.25　Mask Editor の起動

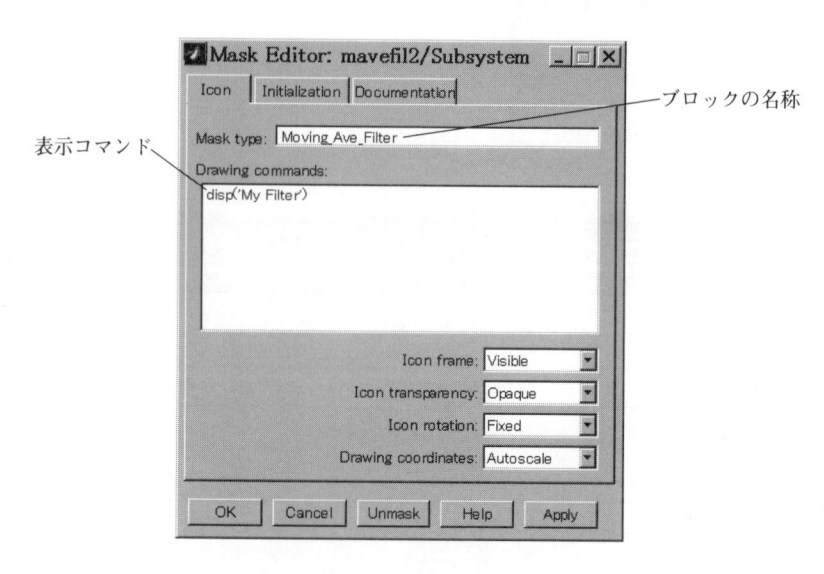

図 A2.26　ブロックの表示の変更

A2.3 ブロックのカスタマイズ

1) ページの選択
2) フィールドの追加
3) プロンプトの定義
4) 計算で使用する変数の定義
5) パラメータの計算式の定義（今回は使用せず）
6) Mask Editor の終了

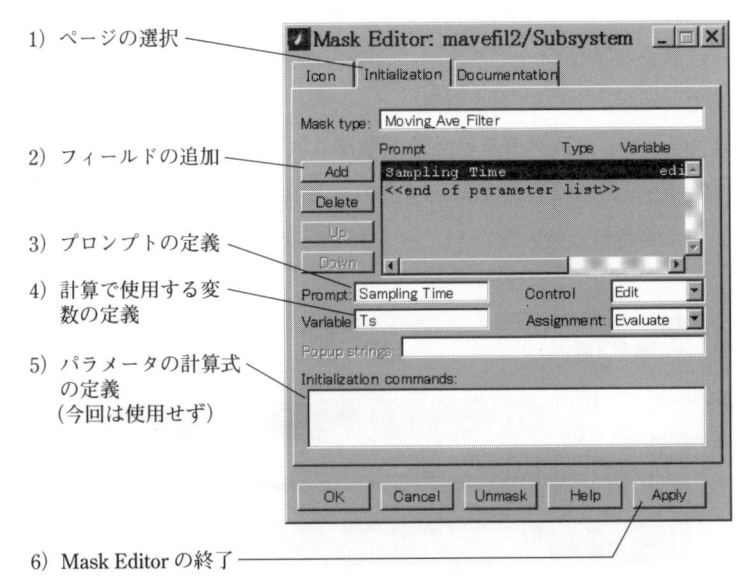

図 A2.27 サンプリングタイム "Ts" の入力フィールドの作成

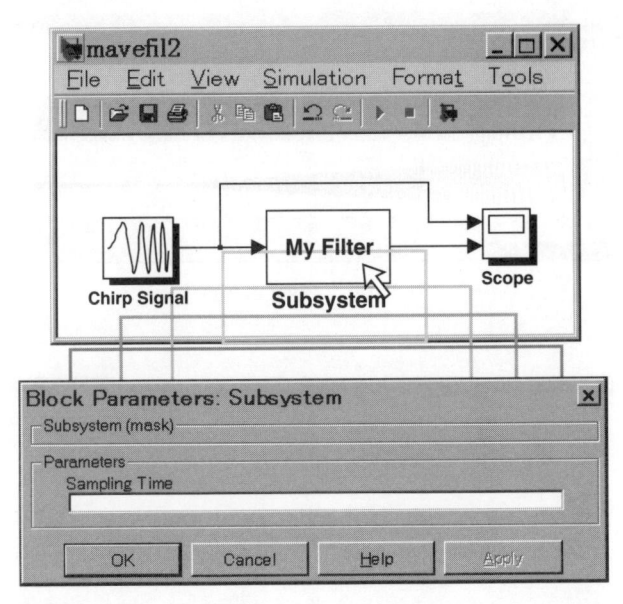

図 A2.28 Masking 機能によりカスタムされたブロック My Filter

入力する入力フィールドを持つダイアログボックスが開く．このようにしてカスタムブロックを容易に作成できる．この機能を"**Masking**"と呼ぶ．

(5) シミュレーションによる確認

図 A 2.28 のダイアログボックスのパラメータフィールドに，サンプリングタイムを 1(s) と 0.5(s) とに変えた場合のシミュレーション結果を図 A 2.29 に示す．フィルタ特性が変わり，パラメータが反映されていることが確認できる．

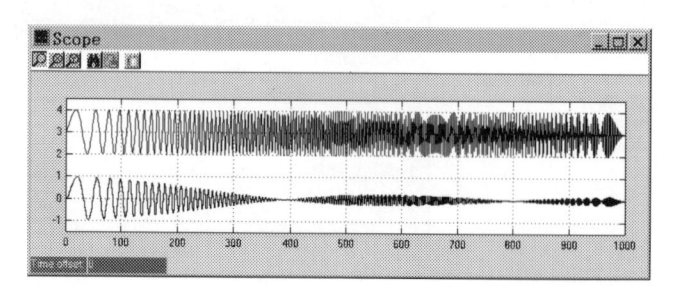

サンプリングタイム 1(s)

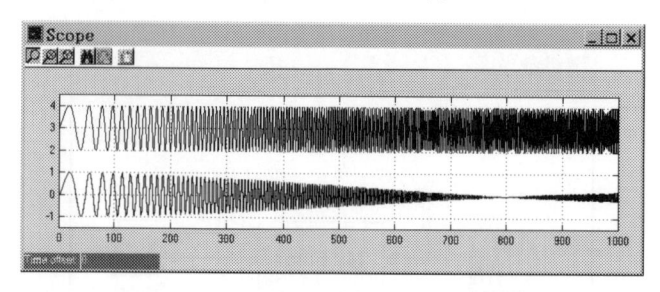

サンプリングタイム 2(s)

図 A2.29　サンプリングタイムによるシミュレーション結果の違い

索　引

[あ]

RS 符号	69, 93-94
IS-95 CDMA システム	42
IMT-2000	3, 37
ITU	37
Einarsson, G.	84, 87
アダプティブアレーアンテナ	33
アダマール行列	80
アドレス符号	84
誤り訂正符号	6, 51, 90
生き残りパス	101
移動平均フィルタ	56, 164
ウェーブレット解析	65
内符号	97
SNR (Signal to Noise Ratio)	16
SFH (Slow Frequency Hopping)	16
FSM	59
FH/SS	113
FH/MFSK	113
FH 系列	84
FFH (Fast Frequency Hopping)	16
FFT	147
M 系列 (maximum-length sequence)	20-22, 72, 78, 84, 109-113
MC-CDMA	40
M-file	146-151
遠近問題	28, 47

[か]

ガードタイム	4
ガードバンド	4
拡散符号	5, 11, 51, 74
拡散率	9, 12
拡散率可変／マルチコード	42, 43
ガロア拡大体	72
ガロア体	51, 65, 68, 70
干渉除去装置	9
基地局間非同期	45
逆行列	138
既約多項式	71
行列関数	136
距離	91
グレイ符号	59
原始多項式	71-73, 79
高次スペクトル解析	65
拘束長	99-100
高速フーリエ変換	75
硬判定	101
Gold 系列	20, 24

固定小数点	65	スカラー関数	134
Communications Toolbox	64, 67	スクリプト M-file	146-147
固有値	138	ステートチャート	59
固有ベクトル	138	Stateflow	52
		Stateflow Coder	60

[さ]

スペクトル拡散通信方式　5, 11
3 GPP　38
3 GPP 2　38

最小距離	91	積符号	96
サイトダイバーシチ	32	セクタ化	9, 35
Subsystem	115-117, 168	セルアレイ	82
CDMA/TDD	40	セルラーシステム	7
GPS	5	線形符号	69
時間ホッピング（TH）法	11	相互相関関数	19, 74
Signal Processing Toolbox	62	素数	70
自己相関関数	19, 74	外符号	97
指標	72	ソフトハンドオフ	9, 31
時分割多元接続（TDMA）	2, 4		

時分割複信方式（TDD : Time Division Duplex）　40

[た]

Simulink　52-59, 107-108, 115-116, 153～

周期	72	ターボ符号	43
周波数多元接続（FDMA）	2, 4	体	70

周波数分割複信方式（FDD : Frequency Division Duplex）　40

		タイムスロット	4
周波数ホッピング（FH）	5, 113	他局間干渉	18
周波数ホッピング系列	51	他局間干渉除去	33
周波数ホッピング（FH）法	11	多項式関数	136
巡回符号	69, 71	多項式	136
状態遷移図	59	畳み込み符号	69, 98-103
剰余類	72	畳み込み符号器	101
処理利得	16	W-CDMA	42
数学的距離	91	単一セルシステム	7

索　引　**175**

チャープ (Chirp) 変調法	11
直接拡散 (DS)	5
直接拡散 (DS) 法	11
直接拡散方式	107
直交符号	20, 22, 80, 110-113
Toolbox	52-53
DS-CDMA	40, 107
DSP Blockset	63
等化器	9
特性多項式	79
トランスバーサル構造	164
Traceback depth	103-106

[な, は]

軟判定	101
バースト誤り	93
パイロットシンボル	43
パイロット信号	46
ハミング (Hamming) 符号	69, 72
ハミング距離	91, 100
パワーコントロール	9, 27, 43, 47
PSK	59
PN (Pseudorandom Noise) 系列	20
BCH 限界	91-92
BCH 符号	69, 72, 91-94
Viterbi アルゴリズム	99-100
非同期運用	42
ファンクション M-file	146, 150

Fixed Point Blockset	65-66
符号分割多元接続 (CDMA)	3, 5
符号理論	67
プリファードペア	24
Blockset	52, 56
プロット	141
ボイスアクティベーション	9, 34

[ま, や]

Masking	168-172
Mask Editor	168-170
MAT-file	140
MATLAB	52〜, 125〜
マルチコード	9
MUSIC 法	55
無線 LAN	5
mod p	70
有限集合	70
有限状態機械	59

[ら, わ]

ランダム誤り	93
RAKE 受信機	9
RAKE 方式	29
Remez 法	55
連接符号	97
ワークスペース	140

〈執筆者紹介〉

眞田 幸俊
- 学　歴　慶應義塾大学理工学部電気工学科卒業（1992年）
　　　　　ビクトリア大学工学部電気・計算機工学専攻修士課程修了（1995年）
　　　　　慶応義塾大学理工学研究科電気工学専攻博士課程修了（1997年）
　　　　　博士（工学）（1997年）

- 職　歴　日本学術振興会特別研究員（1995年）
　　　　　東京工業大学工学部電気・電子工学科助手（1997年）
　　　　　株式会社ソニーコンピュータサイエンス研究所
　　　　　　アソシエイトリサーチャー（2000年）
　　　　　慶應義塾大学理工学部電子工学科講師（2001年）

サイバネットシステム株式会社

石塚 真一（執筆担当）
- 学　歴　長岡技術科学大学工学部創造設計工学課程（1986年）
　　　　　長岡技術科学大学工学研究科創造設計工学専攻修士課程修了（1988年）

- 職　歴　ナカミチ(株)技術研究所（1988年）
　　　　　ナカミチリサーチ(株)第四研究室（1988年）
　　　　　サイバネットシステム(株)応用ソフトウェア技術部（1993年）
　　　　　サイバネットシステム(株)応用ソフトウェア第1技術部部長代理（2001年）

MATLAB/Simulinkによる
CDMA

2000年3月20日　第1版1刷発行	著　者　眞田幸俊
2002年5月20日　第1版2刷発行	サイバネットシステム株式会社

　　　　　　　　　　　　　　　　　発行者　学校法人　東京電機大学
　　　　　　　　　　　　　　　　　代表者　丸山孝一郎
　　　　　　　　　　　　　　　　　発行所　東京電機大学出版局
　　　　　　　　　　　　　　　　　　　　〒101-8457
　　　　　　　　　　　　　　　　　　　　東京都千代田区神田錦町2-2
　　　　　　　　　　　　　　　　　　　　振替口座　　00160-5-71715
　　　　　　　　　　　　　　　　　　　　電話　(03)5280-3433(営業)
　　　　　　　　　　　　　　　　　　　　　　　(03)5280-3422(編集)

印刷　三美印刷㈱　　　　　　　　©Yukitoshi Sanada
製本　渡辺製本㈱　　　　　　　　Cybernet Systems Co., Ltd. 2000
装丁　高橋壮一　　　　　　　　　Printed in Japan

＊無断で転載することを禁じます。
＊落丁・乱丁本はお取替えいたします。

ISBN4-501-32100-8　C3055